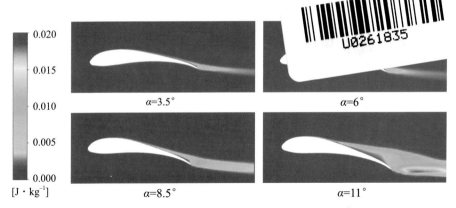

图 2-5　DT0814 翼型湍动能分布，$Re=5 \times 10^5$

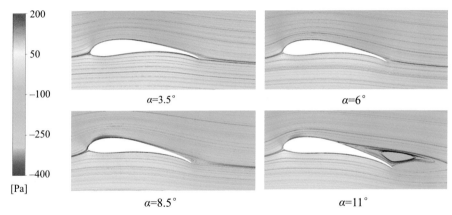

图 2-6　DT0814 翼型压力及速度流线分布，$Re=5 \times 10^5$

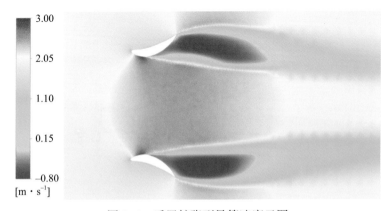

图 3-1　后置扩张型导管速度云图

图 3-2　后置扩张型导管压力云图

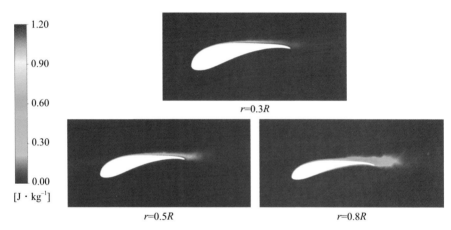

图 3-15　叶片径向不同截面处湍动能分布

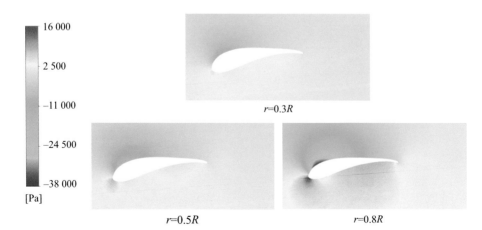

图 3-16　叶片径向不同截面处压力分布

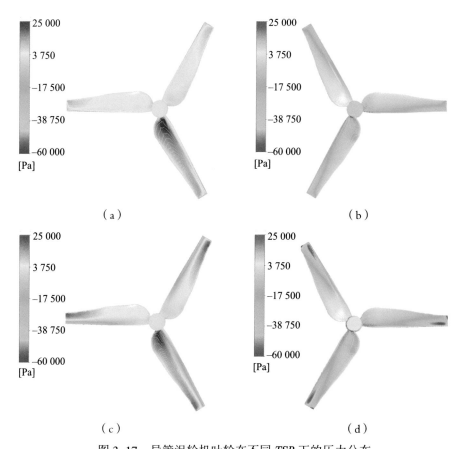

（a） （b）

（c） （d）

图 3-17　导管涡轮机叶轮在不同 *TSR* 下的压力分布

（a）*TSR*=3.77 正压面；（b）*TSR*=3.77 负压面；（c）*TSR*=6.0 正压面；（d）*TSR*=6.0 负压面

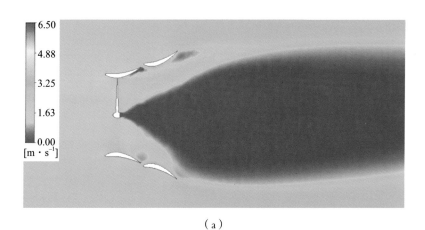

（a）

图 3-21　四种多导管组涡轮机的轴向速度分布（附属导管的攻角为 10°　）

（a）方案 1

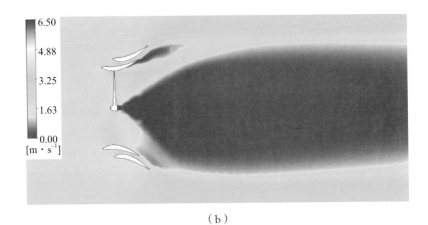

（b）

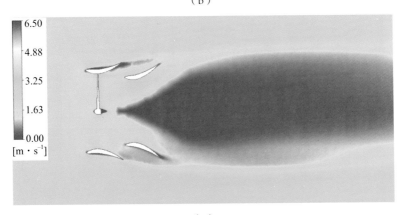

（c）

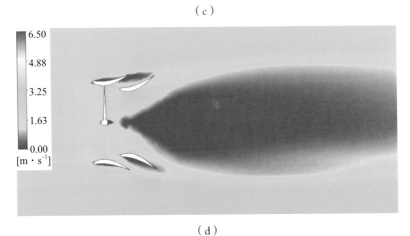

（d）

续图 3-21　四种多导管组涡轮机的轴向速度分布（附属导管的攻角为 10°）

（b）方案 2；（c）方案 3；（d）方案 4

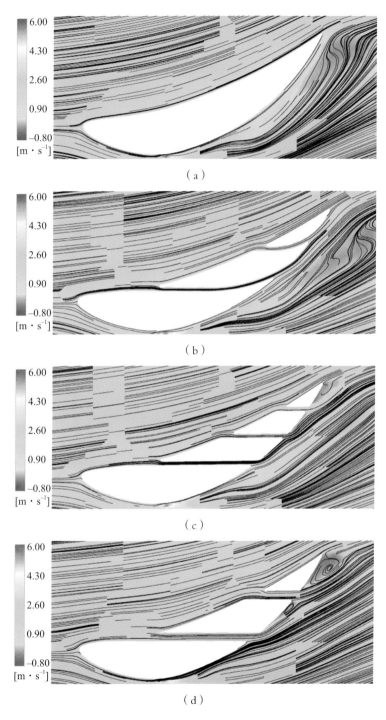

图 3-26　四种导管涡轮机导管附近流线速度图，TSR=3.0

（a）原导管；（b）弯流道 2；（c）三流道；（d）8 mm 流道

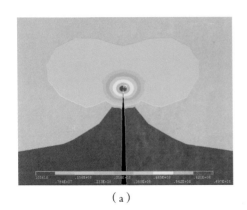 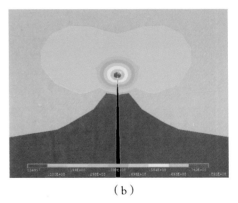

（a） （b）

图 4-10 初始缺口等效应力

（a）下限等效应力（69.7 MPa）；（b）上限等效应力（89.1 MPa）

频率：243.98 Hz

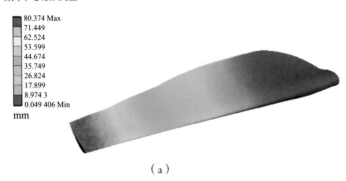

（a）

频率：244.12 Hz

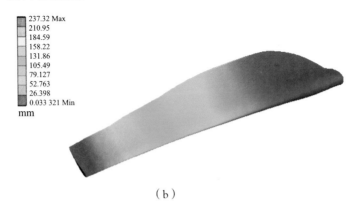

（b）

图 4-15 叶片的六阶模态分布

（a）一阶；（b）二阶

频率：244.22 Hz

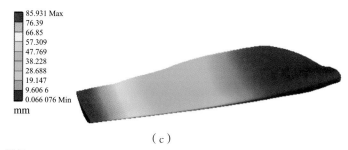

（c）

频率：544.61 Hz

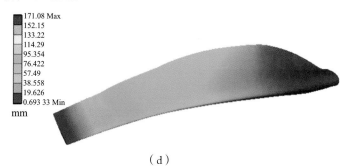

（d）

频率：566.14 Hz

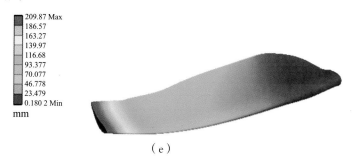

（e）

频率：566.2 Hz

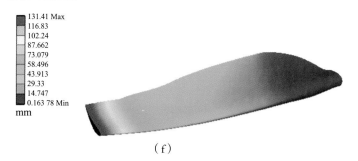

（f）

续图 4-15　叶片的六阶模态分布

（c）三阶；（d）四阶；（e）五阶；（f）六阶

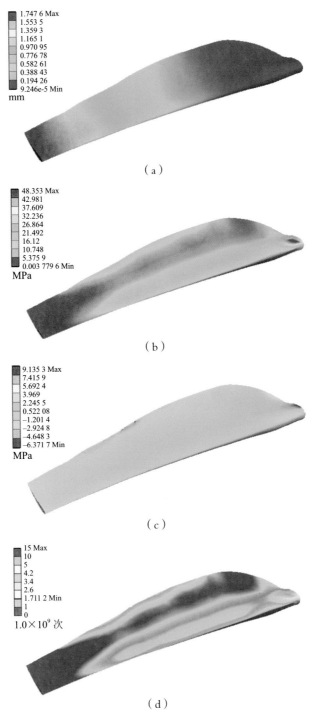

图4-16　导管涡轮样机叶片的应力与变形

（a）变形；（b）等效应力；（c）剪切应力；（d）安全系数

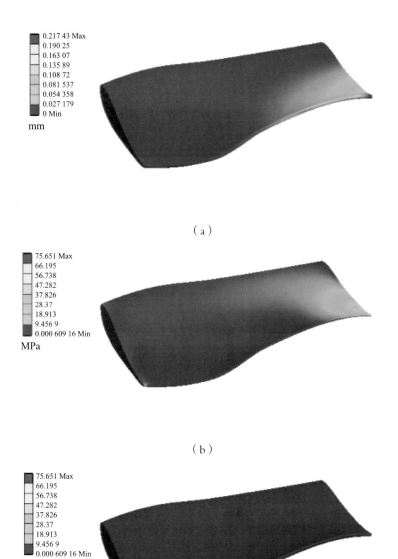

（a）

（b）

（c）

图 4-18　半叶片的变形与等效应力

（a）变形（多层复合叶片）；（b）等效应力（单独铝合金叶片）；（c）等效应力（多层复合叶片）

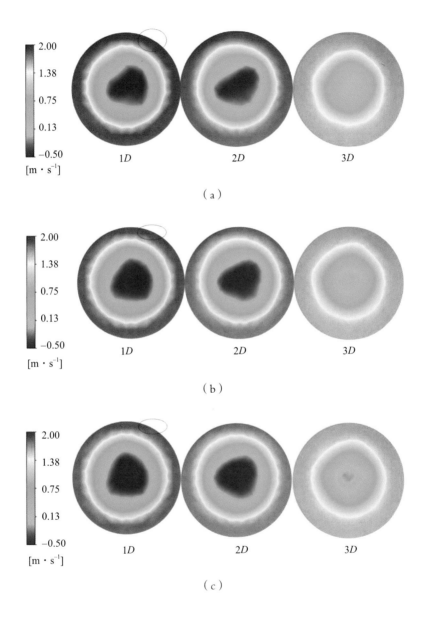

图 5-7　不同浸没深度下的流向速度截面分布

（a）浸没水深 2D；（b）浸没水深 3D；（c）浸没水深 4D

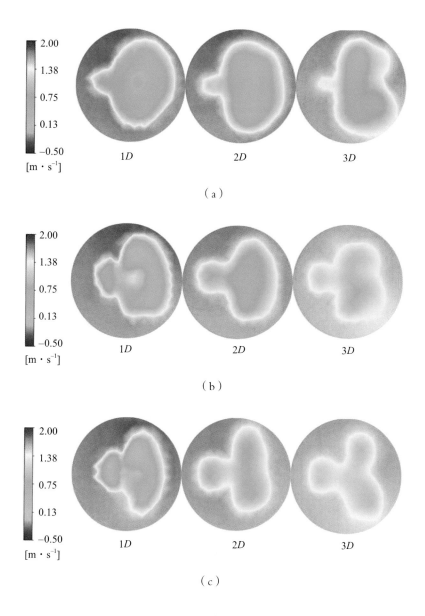

图 5-9　不同偏流角下的流向速度截面分布

（a）偏流角 30°　；（b）偏流角 45°　；（c）偏流角 60°

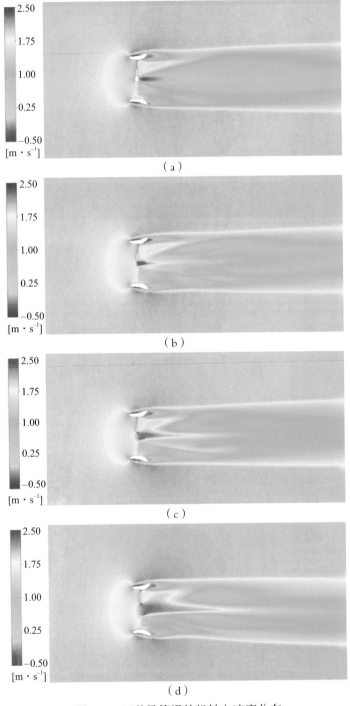

图6-7 四种导管涡轮机轴向速度分布

（a）有轴导管涡轮机；（b）无轴轮缘导管涡轮机（$r/R=0.9$）；
（c）无轴轮缘导管涡轮机（$r/R=0.8$）；（d）无轴轮缘导管涡轮机（$r/R=0.7$）

潮流能导管涡轮机设计原理及关键技术

宋 科 著

西北工业大学出版社

西安

【内容简介】 本书以作者近几年的研究成果为核心内容,系统地介绍了潮流能导管涡轮机的基本概念、设计原理、国内外研究现状和发展趋势,并针对当前所涉及的一些关键技术问题进行了具体的阐述。本书主要内容包括:高性能水动力翼型的优化设计,导管与叶轮相互作用的定量分析标准,适用于低流速及高流速下的特种导管涡轮机的方案设计,具备承载能力、抗机械疲劳、耐盐度腐蚀三效合一的复合叶片方案设计,真实海况下导管涡轮机的复杂水动力作用机理等。

　　本书可为潮流能导管涡轮机的设计、开发和工程应用提供理论指导和技术支持,适合从事海洋工程、流体机械及工程、流体力学、水力学相关的研究人员、工程师、研究生及高年级本科生阅读。

图书在版编目(CIP)数据

　　潮流能导管涡轮机设计原理及关键技术 / 宋科著
. — 西安 : 西北工业大学出版社,2023.3
　　ISBN 978 - 7 - 5612 - 8555 - 8

　　Ⅰ.①潮… Ⅱ.①宋… Ⅲ.①潮汐发电机-研究
Ⅳ.①TM312

　　中国国家版本馆 CIP 数据核字(2023)第 040294 号

CHAOLIUNENG DAOGUAN WOLUNJI SHEJI YUANLI JI GUANJIAN JISHU
潮 流 能 导 管 涡 轮 机 设 计 原 理 及 关 键 技 术
宋科　著

责任编辑:李　杰　熊　云		策划编辑:李　杰
责任校对:高茸茸		装帧设计:李　飞
出版发行:西北工业大学出版社		
通信地址:西安市友谊西路 127 号		邮编:710072
电　　话:(029)88491757,88493844		
网　　址:www.nwpup.com		
印　刷　者:兴平市博闻印务有限公司		
开　　本:720 mm×1 020 mm		1/16
印　　张:7.875		彩插:6
字　　数:169 千字		
版　　次:2023 年 3 月第 1 版		2023 年 3 月第 1 次印刷
书　　号:ISBN 978 - 7 - 5612 - 8555 - 8		
定　　价:58.00 元		

前　言

　　潮流能作为一种清洁的可再生能源,对于缓解能源危机和环境污染,实现"碳达峰""碳中和"的目标具有重要意义。潮流能导管涡轮机作为一种高效的潮流能发电系统,近几年来已成为国内外研究的热点。本书以笔者近几年的研究成果为核心内容,在对潮流能涡轮机国内外研究进展与应用现状进行了较全面的概述后,针对当前所涉及的一些关键技术问题,采用理论分析、数值模拟、样机试验、材料测试等研究手段,对高性能水动力翼型的优化设计,导管与叶轮相互作用的定量分析标准,适用于低流速及高流速下的特种导管涡轮机方案设计,具备承载能力、抗机械疲劳、耐盐度腐蚀三效合一的复合叶片方案设计,真实海况下导管涡轮机的复杂水动力作用机理等问题进行了系统的研究。全书共分为7章,结构安排如下:

　　第1章:首先介绍了潮流能涡轮机相关的研究背景与意义,并综述了国内外潮流能涡轮机的研究进展与应用现状;然后提出了本书所涉及的一些关键技术问题。

　　第2章:首先介绍了计算流体力学数值求解理论和方法;其次对一种高性能水动力翼型进行了优化设计;最后从动量理论、叶素理论、叶尖损失等方面详细阐述了叶素动量理论的完整架构和推导过程,实现了从二维翼型到三维叶片再到叶轮的理论设计优化流程。

　　第3章:首先介绍了广义制动盘理论,并对一系列具有不同导管的导管涡轮机进行了水动力性能分析,得出了导管涡轮机各部件之间的相互作用定量分析标准;其次对导管涡轮样机进行了拖曳水池试验和性能分析;最后针对潮流的不同流速特点及目标取向性,对两种特种导管涡轮机进行了方案设计。

　　第4章:首先对纳米碳酸钙改性聚丙烯复合材料进行了抗拉性能测

试；然后对该复合材料进行了耐疲劳测试及疲劳裂纹扩展测试；最后基于导管涡轮机叶片结构动力响应计算结果，对一种多层复合叶片进行了方案设计。

第5章：首先对青岛斋堂岛附近海域进行了说明；然后以该海域为背景对导管涡轮机进行了复杂潮流条件下的水动力作用机理研究。

第6章：首先对一种新型的无轴轮缘导管涡轮机进行了介绍；然后对有轴导管涡轮机和不同轴径比的无轴轮缘导管涡轮机进行了水动力特性对比研究。

第7章：对全书工作进行了总结。

本书可为潮流能导管涡轮机的设计、开发和工程应用提供理论指导和技术支持，适合从事海洋工程、流体机械及工程、流体力学、水力学相关的研究人员、工程师、研究生及高年级本科生阅读。

本书获得了云南省基础研究专项（项目编号 202201AU070028）的资助。感谢昆明理工大学和昆明学院对笔者提供的支持和帮助，特别感谢四川大学王文全教授对笔者博士期间的悉心指导。

在编写本书的过程中参阅了大量相关文献，在此谨向其作者表示衷心的感谢。

虽然在撰写过程中力求叙述准确、完善，但由于水平有限，书中不足之处在所难免，请读者及各位同行批评指正，在此表示诚挚的谢意。

著 者

2022 年 10 月

目　　录

第1章 潮流能涡轮机概述

1.1 背景与意义

　　能源与环境是人类生存与发展的物质基础,能源的短缺和环境的恶化是全球所要面临的重要问题。近年来,传统化石能源的消耗造成了极大的污染,空气中的颗粒、硫化物、氮化物等大气污染物大部分来源于化石燃料的燃烧,二氧化碳的逐年排放也加速了全球变暖。以往影响我国北方的雾霾天气已经蔓延至南方。根据相关报道[1-2],当前世界能源结构依然是化石能源占主导地位,占比为 84.70%,我国的化石能源占比为 85.27%,如图 1-1 所示。此外,全球在 2014 年至 2035 年能源的需求预计增幅为 34%。这使得一向依赖传统化石能源的世界各国显得捉襟见肘,而找到既能解决能源危机又不会对环境造成损害的出路已经成为当下的重中之重。

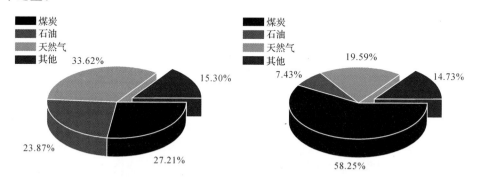

图 1-1　世界(左)与中国(右)能源消费结构图

　　优化能源结构,实现环境友好可持续发展,是推动我国经济转型发展的本质要求。能源结构向绿色低碳转型,特别是向高比例的可再生能源发展,不仅可以改善环境质量、应对气候变化,也可以创造新的经济增长点,实现经济社会长久的可持续发展。海洋覆盖了全球表面 71% 以上的面积，其包含了丰富的潮流能、波浪能、温度差、生物质能等资源[3]，为全球的电力、淡水和消耗品的生产提供了巨大的资源储备。据联合国教科文组织的统计，全球的海洋可利用能源理论上可再生 $7.66×10^{11}$ kW 以上[4]。在上述可再生能源中，开发利用潮流能具有较大优势和潜力。相比于风能和太阳能，其不受天气的影响，相比于波浪能，其可预测性强，相比于温度差、生物质能，其技术更加成熟，潮流的流速和方向都可以被准确预测，不占额外空间，对环境的影响较小，基本可以做到全天候利用。

我国是海洋大国，大陆海岸线总长超过 18 000 km，面积在 500 m² 以上的岛屿有 6 536 个，总面积超过 72 800 km²，岛屿岸线长 14 217.8 km。我国的海岸线和海岛周边的潮流能资源储量非常丰富，可预测性强，具有良好的开发潜力。我国是能源消耗大国，背负着经济发展和环境保护的双重重任。《国家中长期科学和技术发展规划纲要（2021—2035 年）》[5]、《"十四五"国家科技创新规划》[6]、《能源技术革命创新行动计划（2016—2030 年）》[7]、《"十四五"能源领域科技创新规划》[8]及《可再生能源中长期发展规划》[9]等明确指出海洋能等可再生能源的开发和利用对改善我国能源结构，解决日益严峻的能源紧缺和环境污染等问题具有深远的战略意义。

潮流能的开发利用除了能够改善我国的能源消费结构外，还能够解决偏远海岛农村的用电问题，提高当地居民的生活质量。目前，我国内地常规电网虽然已基本普及到位，但仍有许多偏远海岛地区没有用上电。我国沿海地区有将近 3 700个村落，有 450 个左右的居民岛屿，在这些地区就地取材，利用海岸和岛屿附近的潮流进行发电既经济又环保。目前，我国政府已经设立了财政专项资金来开发潮流能等可再生能源去解决偏远地区的用电问题[10-11]。

从 20 世纪开始，潮流能的开发就受到世界各国，特别是发达国家的重视。潮流能的能量与流速的三次方成正比，随时间变化较小，在流速稳定的区域，可获得稳定的功率输出。潮流能涡轮机作为潮流能转换装置的一种形式，被认为是最有前途的能源采集技术，近年来，各国都加大了对潮流能涡轮机的研发力度。需要指出的是，尽管潮流能量密度远大于风能，但潮流能涡轮机与风力机在原理与应用上有许多类似之处，风力机不断完善的理论研究成果与技术应用可为开发潮流能涡轮机提供有益的借鉴。此外，潮流能涡轮机的输出功率十分依赖实时流速，我国虽然拥有丰富的潮流能资源，但是大部分区域的流速并不是很高。受流速的影响，传统潮流能涡轮机的获能效率一般为 0.25～0.3，与风力机相比，其获能效率较低[12]。为了提升潮流能涡轮机的最大输出功率，在其环向加装导管扩散器是一种非常有效的方式。导管能有效提升涡轮机的输出功率，对于我国大部分海域的潮流能开发具有十分重要的工程意义。国内外相关机构在开发传统的潮流能涡轮机的同时也围绕潮流能导管涡轮机开展了理论与技术上的创新。

1.1.1　研究手段

开展潮流能涡轮机研究的主要手段包括理论分析、试验研究和数值模拟[13]。试验研究可以直接获取涡轮机的性能参数,如早期 Sabzevari[14] 研究了简单形状的导管涡轮机,通过试验测试发现前置导管能显著提高涡轮机转速,而后置导管很难提升转速。Giguere 等人[15] 对 20 kW 的风力机进行了测试,并基于测试结果优化了叶片的几何结构。Han 等人[16] 对两种潮流能涡轮机进行了试验研究,分析了流速对涡轮机扭矩、转速和功率的影响。Batten 等人[17] 基于叶素动量理论对潮流能涡轮机的功率和推力进行了数值计算和试验测试。Gilbert 等人[18] 对后置导管涡轮机进行了试验测试,发现与裸涡轮机相比,其性能可以提高约 2 倍。Anzai 等人[19] 详细分析了不同形状和尺寸的前置导管风力机的获能性能,并开展了前置导管的优化设计。Ghajar 等人[20] 对不同风向下导管风力机进行了试验测试,并比较了不同导管组合工况对风力机性能的影响。Shahsavarifard 等人[21] 在水槽中测试了两类导管涡轮机,发现最大的功率系数相对于裸涡轮机提升了 1.91 倍。

与此同时,理论模型也为涡轮机设计提供了关键的支撑,早期的一维理想化理论模型可以快速地估算涡轮机的功率系数,相关理论有动量理论(Momentum Theory)、叶素理论(Blade Element Theory)、叶素动量理论(Blade Element Momentum Theory,BEMT)(将在本书第 2 章中展开叙述)。叶素动量理论的建立对涡轮机的发展具有里程碑式的意义,早期主要用于风力机叶片设计及气动性能计算。随后,一些学者将其改进并应用到潮流能涡轮机的水动力性能计算中[22-24]。叶素动量理论的优点是一旦确定了目标叶轮的截面翼型分布和设计参数,就能够非常快速地给出所需的扭矩和推力,对于潮流能涡轮机的设计意义重大。另外,针对导管涡轮机的能量提取问题,Jamieson 在动量理论的基础上提出了广义制动盘理论(the generalized actuator disc theory),即导管涡轮机的动量理论(将在本书第 3 章中展开叙述)。之后发展起来的理论模型考虑到了叶轮与流体的相互作用,根据是否考虑流体黏性可分为无黏模型和黏性模型。其中,无黏模型主要包括升力线法(Lifting Line Method)[25]、边界积分方程法(Boundary Integral Equations Method)[26] 和涡格法(Vortex Lattice Method)[27] 等。升力线法起初主要用于解决机翼的升力问题,之后该方法被推广到船用螺旋桨和涡轮机的水动力性能计算上。边界积分方程法在计算涡轮机的功率和受力问题上具有一定的优势,如:Salvatore 等人[28]采用三维边界积分方程法计算了风力机叶片的非定常受力分布。Baltazar 等人[29]提出一种边界积分方程法计算了不同转速下的潮流能涡轮机的受力和功率情况。Li 等人[30-31]对边界积分方程法进行了三维黏性修正并对潮流能涡轮机进行了分析,给出了最优的叶轮结构参数。涡格法是以升力面为基础的一种面元法,如著名的气动分析软件 XFoil 就是采用该方法来预测翼型的气动分布情况的,当目标表面流动分离较弱时,涡格法能较为准确地快速估计翼型的水动力性能。

当处理大攻角等流动分离情况时,将存在由黏性引起的边界层分离,此时评估涡轮机受力则必须考虑流体黏性效应。现阶段应用最复杂的数值计算模型主要为计算流体力学(Computational Fluid Dynamics,CFD)模型(将在本书第 2 章中展开叙述),该数值方法通过求解纳维-斯托克斯(N-S)方程得到相应的流场信息,其中以雷诺时均计算流体力学(RANS-CFD)模型为代表,是目前发展最成熟且最普遍采用的 CFD 方法。如:李广年等人[32]研究了潮流能涡轮机非定常受力问题,并给出了叶片安装位置对涡轮机受力的影响规律。Ahmed 等人[33]对全尺寸潮流能涡轮机进行数值模拟,重点分析了涡轮机的推力、功率及弯矩受水动力不平衡力的影响。王树杰等人[34]对潮流能涡轮机在偏流工况下的水动力性能进行了研究,并通过试验验证了数值结果的准确性。Abdelwaly 等人[35]对导管风力机流场信息进行了数值模拟,重点研究了不同形状的导管对风力机扭矩的影响。Hansen 等人[36]将动力涡轮机简化为圆盘,研究了导管对其获能特性的影响,认为最大功率系数可以突破贝茨理论的限制并与通过圆盘的质量流量的相对增加率成正比。Fleming 等人[37]将涡轮机简化为圆盘,分析了多个双向导管涡轮机,发现相对于裸涡轮机,能量获取效率都有所降低。Kosasih 等人[38]研究了湍流强度对裸风力机和导管风力机获能特性的影响,发现在一定的尖速比范围内,随着湍流强度的增加,两者效率都有所下降,但导管风力机的效率一直高于裸风力机。陈正寿等人[39-40]通过数值模拟与模型试验相结合的方法对加装 15°攻角折线型导管涡轮机进行研究,发现相同工况下导管涡轮机比裸涡轮机输出功率提高了 30% 左右。刘垚等人[41]发现导管可以将涡轮机周围流场的流速提高约 1.35 倍,转速提高 1.2 倍,获能效率提高约 35%。Déborah 等人[42]提出了一种优化导管涡轮机叶片设计的新方法,以避免叶片在导管加速流体状态下发生空化,同时发现在流速为 2.5 m/s 时,导管涡轮机的输出功率增加了约 42%。Matheus 等人[43]对两种不同的导管涡轮机进行了数值模拟和风洞试验,发现导管可以提升涡轮机 48%~79% 的输出功率。另外,考虑到 CFD 模型往往需要占用更高的计算资源和计算时间,为了节约成本,一些学者结合 CFD 和 BEMT 发展了折中的雷诺时均叶素动量

(RANS－BEMT)模型。Collier 等人[44]和 Turnock 等人[45]使用 RANS－BEMT
模型预测了剪切流条件下的涡轮机叶片的非定常载荷。Belloni 等人[46]使用
RANS－BEMT 模型分析了潮流能导管涡轮机的水动力性能,并通过文献验证了
数值结果的准确性。

1.1.2　应用现状

国外的潮流能技术应用最早起源于 1976—1984 年在苏丹尼罗河上的灌溉涡
轮机,经过 40 多年的研究和发展,以欧美等西方国家为代表的技术梯队持续加大
对新能源技术研发的资金投入和政策扶持力度,在潮流能应用等方面取得了长足
的进步。相关技术领域已有很好的技术基础,特别是近几年来在新概念、新方法、
新技术的支持下,涌现了很多具有良好应用前景的潮流能发电装置。该技术已在
边远海岛、深远海等目标区域实现了供电及综合利用开发的态势。根据欧盟委员
会联合研究中心(Joint Research Center,JRC)发布的研究报告[47]显示:国际上的
潮流能涡轮机主要以水平轴式为主,占比 76%,且大多数潮流能涡轮机采用可变
速传动系统;此外,现已有数个兆瓦级机组和百千瓦级机组实现了并网发电;苏格
兰可再生能源公司已在欧洲、中东和非洲地区安装了 2 MW 的潮流能涡轮机组,
荷兰的 1.2 MW 潮流能涡轮机组和英国 MeyGen 计划的 6 MW 潮流能涡轮机组
已成功并网发电,标志着国际兆瓦级潮流能涡轮机组迈向商业化应用;与此同时,
小微型潮流能涡轮机也是目前商业化发展的另一个重要领域。该报告还指出,部
署足够数量的小微型涡轮机(固定式或漂浮式),性价比高且满足发电需求,也为新
能源领域开辟了全新的发展模式,带来了大量的商机。这项技术有望在未来几年
内得到大量应用,并在欧洲能源体系中发挥核心作用。

荷兰 Tocardo 公司的 T2 潮流能涡轮机[48]采用固定式安装,五机组输出功率
为 1.25 MW。美国 GE 公司的 Oceade－18 潮流能涡轮机[49]采用固定式安装,水
下电力节点可以同时连接 4～16 台涡轮机,输出功率为 1.4 MW。比利时 Rutten
公司的 Floating waterwheel 涡轮机[50]采用漂浮式安装,设计流速为 2 m/s。加拿
大的 5 kW 涡轮机[51]采用漂浮式安装,在流速为 2 m/s 时的能量转换效率为 0.26。
英国 TGL 公司的 Alstom 潮流能涡轮机[52]采用固定式安装,输出功率为500 kW,
如图 1－2 所示。挪威 Hammerfest Strøm 公司的 HS1000 潮流能涡轮机[53]采用
固定式安装,叶片采用变桨距设计,如图 1－3 所示。韩国 Enomad 公司的
Estream 迷你级涡轮装置[54]为悬挂漂浮式使用,主要为野外工作或户外探险人员
的手机等电子设备充电,该装置的输出功率为 2.5～5 W。

图 1 - 2　Alstom 潮流能涡轮机

图 1 - 3　HS1000 潮流能涡轮机

　　英国 Lunar Energy 公司的 Lunar Turbine 潮流能导管涡轮机[55]采用固定式安装,转子直径为 11.5 m,输出功率为 1 MW,法国 HydroHelix 公司的 HydroHelix Turbine 潮流能导管涡轮机[56]采用固定式安装,单机发电功率可达 200 kW,如图 1 - 4 所示。加拿大 Clean Current Power Systems 公司的 CC100B 潮流能导管涡轮机[57]采用固定式安装,内部采用叶轮加定子的设计方式,转子直径为 10 m,最小安装水深为 13 m,输出功率为 500 kW,如图 1 - 5 所示。

　　美国 Underwater Electric Kite 公司研制的 UEK 潮流能导管涡轮机[58]采用双涡轮并列固定式安装,转子直径为 2.44 m,在 2.57 m/s 的流速下,装置输出功率为 90 kW,如图 1 - 6 所示。意大利那不勒斯大学的 GEM 潮流能导管涡轮机[59]采用悬浮式自主式水下航行器(Autonomous Underwater Vehicle,AUV)设计,浮体外部装有两个三叶导管涡轮，在 1.5 m/s 的流速下，其输出功率为 20 kW，如图 1-7所示。巴西的 Brazilian Turbine 潮流能导管涡轮机[60]采用悬挂固定式安装，转子为六叶片内嵌式设计，直径为 0.8 m，在 2 m/s 的流速下，其能量转换效率为0.497 4。

图 1-4　Lunar Turbine 潮流能导管涡轮机(左)和 HydroHelix Turbine 潮流能导管涡轮机(右)

图 1-5　CC100B潮流能导管涡轮机

图 1-6　UEK 潮流能导管涡轮机

图 1-7 GEM 潮流能导管涡轮机

我国的海域辽阔,海洋能源总量较为丰富,但各类型资源不均,相关能源利用起步于 20 世纪 70 年代末。近年来,国家相关科技政策和专项资金的大力支持,将高校、研究机构、企业吸引到新能源技术开发的队伍中,掀起了我国潮流能技术研究和应用推广的高潮,相关技术领域也得到了快速发展,为新能源进程奠定了坚实的科技基础并积累了重要的工程经验。浙江大学、哈尔滨工程大学、大连理工大学、哈尔滨工业大学、中国海洋大学、东北师范大学、中海油研究总院、哈尔滨电气集团有限公司等高校、研究机构和企业先后展开了各种型号的固定式、漂浮式潮流能发电装置的研究和海试,积累了宝贵的经验,为后续型号的开发奠定了基础。

东北师范大学研制的 20 kW 潮流能涡轮机[61]采用固定式安装,连接结构由四腿底座和自适应转向机构组成,设计流速为 2.1 m/s,额定转速为 40 r/mim,如图 1-8 所示。中海油研究总院联合中国海洋大学研制的 50 kW 潮流能涡轮机[62]采用固定式安装,叶轮直径为 10.5 m,采用半直驱式传动系统,如图 1-9 所示。

图 1-8 东北师范大学研制的 20 kW 潮流能涡轮机

图 1-9　中海油研究总院联合中国海洋大学研制的 50 kW 潮流能涡轮机

　　浙江大学研制的 60 kW 潮流能涡轮机[63]采用漂浮式安装,采用三叶水平轴叶轮和半直驱式传动系统设计,其能量转换效率为 0.392 6。中海油研究总院联合哈尔滨工程大学研制的海能Ⅱ潮流能涡轮机[64]采用漂浮式安装,双叶,叶轮直径为 12 m,额定流速为 1.7 m/s,搭载两台 100 kW 的发电机组,其能量转换效率在 0.34左右。

　　杭州林东新能源科技股份有限公司研制的 LHD 第三代水平轴模块化潮流能涡轮机[65]采用固定式安装,总装机功率为 1.7 MW,并实现并网,可满足 1 200 户海岛居民家庭用电需求。哈尔滨电气集团有限公司研制的 600 kW 潮流能涡轮机[66]采用漂浮式安装。截至 2020 年 1 月,该发电机组是我国单机容量最大的潮流能发电机组,其能量转换效率为 0.37。哈尔滨工业大学的 DATTs 潮流能导管涡轮机[67]采用悬浮式 AUV 设计,浮体外部装有两个三叶导管涡轮,叶轮半径为 1.5 m,在 1 m/s 的流速下,其输出功率为 350 W 左右,如图 1-10 所示。哈尔滨工程大学的海明Ⅰ潮流能导管涡轮机[68]采用固定式安装,连接结构由三腿底座和一个六边形框架组成,装置的叶轮直径为 2 m,在 2.0 m/s 的流速下的发电功率为 10 kW,如图 1-11 所示。

图 1-10　DATTs 潮流能导管涡轮机

图 1-11   海明 I 潮流能导管涡轮机

1.2   关键技术问题

从 1.1 节国内外研究进展与现状来看,潮流能导管涡轮机的研发和应用在我国以及国际上都是一个崭新的课题,该型涡轮机还处于商业化初期,虽然已经具备一定的理论和应用基础,但尚存在一些亟待解决的关键技术问题。

1.如何寻找高效的水动力叶片以提高获能效率

涡轮机的发电效率是需要考虑的首要因素,水动力翼型作为潮流能涡轮机的重要元素,其性能的好坏直接关系到整个潮流能涡轮机的获能水平。许多国内外学者也围绕翼型的选择及叶轮的设计开展了相关研究。Ahmed[69]对翼型的性能和适用范围等因素做了综述。Wang 等人[70]采用 Wilson 设计法和 NACA 翼型对一潮流能涡轮机进行了设计,并从多个角度对该涡轮机进行了水动力性能分析,涡轮机的能量转换效率为 0.25。Zhang 等人[71]采用叶素动量理论设计了潮流能涡轮机,并通过水池试验测得其能量转换效率为 0.34。李东阔等人[72]使用叶素动量理论和 NACA 翼型设计了潮流能涡轮机叶轮,其能量转换效率为 0.25。张玉全等人[73]对基于 Goettingen 翼型设计的不同叶片数的潮流能涡轮机进行了数值模拟与水池试验,测试发现三叶的水平轴叶轮具有最佳的性能,其能量转换效率为 0.38。Currie 等人[74]对基于 NREL'S 翼型设计的潮流能涡轮机叶轮进行了水动力性能分析,测得其能量转换效率为 0.3 左右。从上述文献可以看出,采用传统翼型设计的潮流能涡轮机的能量转换效率一般不太高,这也成了制约潮流能涡轮机性能提升的主要因素。

2. 导管与叶轮的相互作用关系不明,缺少一种衡量该作用关系定量分析的参考标准

如前文所述,不少国内外的学者在开展对传统潮流能涡轮机研究的同时,也致力于潮流能导管涡轮机的研究,对导管的获能特性及机理展开了相关测试及研究,取得了较为丰富的结果与相当大的进步。如:Shives 等人[75]对导管进行了分析,发现其几何形状对潮流能涡轮机能量获取性能有很大的影响。刘羽等人[76]提出了一种可根据潮流方向做自适应调整的导管装置,结果表明,相对于裸涡轮机,加装了收缩段和扩张段的潮流能导管涡轮机的输出功率均有较大提升。王树杰等人[77]和张亮等人[78]研究了导管形状对潮流能涡轮机的水动力性能的影响,发现导管对于提高潮流能涡轮机性能发挥了重要作用。陈正寿等人[79]对潮流能双并列导管涡轮机进行了尾流场数值模拟,发现两个尾流场交互影响作用明显。Chen 等人[80]对潮流能导管涡轮机进行了数值模拟,发现在所有工况下,潮流能导管涡轮机都比裸涡轮机具有更高的能量获取效率。虽然目前相关研究在导管形状及设计参数如何影响潮流能涡轮机的水动力性能上取得了较为丰富的成果,但鲜有涉及导管与叶轮之间相互作用的研究,此外,现阶段缺少一种衡量该作用关系定量分析的参考标准。

3.如何改善和控制尾涡结构,有效解决加装导管后所引起的系统载荷增大和流动分离问题

加装了导管后的潮流能涡轮机虽然能提升输出功率,但叶轮所受的推力也相应增大,而导管自身也存在一定的轴向推力,这给潮流能涡轮机及支撑结构都带来了一定的挑战。此外,导管的存在势必会引起一定程度的尾流失速延迟,尤其是当导管尺寸较大时,将引起严重的流动分离问题,伴随而来的是系统不稳定性的增加及结构疲劳风险的上升。如前文所述,现有研究主要集中在潮流能涡轮机的水动力性能上,也有一些研究侧重于潮流能涡轮机的结构动力响应与载荷分析。如:陈正寿等人[81]对潮流能涡轮机进行了耦合模拟分析,结果显示叶片的应变增幅、有效应力增幅均与水流速度有关,且叶片背面的压力脉动比正面的要大很多。韩雪等人[82]对多工况下的潮流能涡轮机叶片应力应变情况进行了分析,表明潮流能涡轮机叶片在运行过程中受到耦合作用的影响很大。Wang 等人[83]对风力机叶片进行了数值模拟,结果显示每种工况下叶片的最大应力、叶尖变形都在允许范围内。Rafiee 等人[84]基于一耦合工具对风力机进行了数值模拟,着重分析了叶片的气动弹性行为和叶片变形对功率的影响。然而,现阶段的研究鲜有涉及潮流能导管涡轮机的减阻效果与抑制流动分离等方面的研究,而此类问题又关乎潮流能导管涡轮机的安全稳定性,因此十分有必要开展相关跟进研究。

4.潮流能涡轮机在复杂海洋环境下服役,须进一步探索同时具备承载能力、阻裂效果和防腐效果的叶片技术方案的可行性

潮流能涡轮机在实际海洋环境中运行时,叶片将受到多种载荷的影响,如水动力荷载、叶轮旋转效应的间歇荷载、重力、离心力和科里奥利力[85]以及受载荷影响所诱发的振动[86]。具体来说,叶片在长时间下受多种载荷的影响将出现疲劳问题,随着疲劳的积累而发展成微裂纹,而这些微裂纹又将继续发展成宏观裂纹直至断裂。叶片断裂一般是在没有任何征兆的情况下突然发生的,其应力水平远远小于结构屈服强度。据不完全统计,各种断裂失效情况至少有 50%～90% 是和疲劳损伤有关的[87-88]。潮流能涡轮机叶片因长期处于复杂载荷环境中,对其强度和可靠性也是一个很大的考验。此外,一个叶片的断裂失效也可能导致潮流能涡轮机全面受损,并对周围环境造成广泛的不利影响。目前,潮流能涡轮机叶片一般采用合金加防腐涂料制作,但根据一些研究结果表明:合金(即便是海洋工程专用合金)在海水中的疲劳裂纹扩展速率明显高于在空气中的扩展速率[89-95],而防腐涂料虽然能起到抗腐蚀的效果,但不一定有阻裂效果,长时间运行后海水仍然有可能突破涂层抵达合金表面对其进行腐蚀,加速叶片疲劳损伤的过程。为了有效控制海洋环境效应对潮流能涡轮机叶片的影响,一些研究人员采用复合材料代替传统合金叶片。如:Boisseau 等人[96-97]和 Kennedy 等人[98]对应用于潮流能涡轮机叶片的玻璃纤维增强复合材料进行了疲劳试验,结果表明不同盐度环境下的试验结果差异较小。Tual 等人[99]采用加速老化试验对应用于潮流能涡轮机叶片的碳/环氧树脂复合材料进行了研究,结果表明在该种材料处于水饱和后,其强度有所降低,但模量和韧性均未出现显著变化。Davies 等人[100]在空气和海水中对应用于潮流能涡轮机叶片的复合材料进行了静态循环疲劳试验,并量化了海水腐蚀对材料疲劳性能的影响。虽然复合材料具有密度低、抗疲劳、耐磨、耐腐蚀等优点,但存在刚度不足的问题,尤其是在复杂潮流环境下容易出现变形和抖动问题。因此,现阶段缺少一种在海洋环境中的同时具备承载能力、阻裂效果和防腐效果的叶片方案。

5. 须进一步探索潮流能导管涡轮机在复杂潮流条件下的水动力作用机理

目前,国内外的许多学者针对潮流能涡轮机在实际潮流环境下的水动力性能开展了相关研究,如:Ordonez - Sanchez 等人[101]研究了潮流能涡轮机在两种波流条件下扭矩、推力和叶片弯矩的影响。Draycott 等人[102]测试了在波流共同作用下对潮流能涡轮机叶轮的影响,发现叶轮的推力、功率和弯矩均产生了较高水平的浮动变化。Song 等人[103]对线性剪切流条件下的潮流能涡轮机进行了分析,指出了剪切流对水动力性能的影响。Gaurier 等人[104]对一个潮流能涡轮机进行了波流条件下的测试,发现波浪对潮流能涡轮机水动力性能影响很大。Myers 和Bahaj[105-106]在剪切流条件下对两排阵列的潮流能涡轮机组进行了海试试验,指出了潮流能涡轮机阵列各排之间的作用关系。Nuernberg 等人[107]采用 CFD 数值方法对四机组潮流能涡轮机单排阵列的水动力性能进行了分析,重点研究了各潮流能涡轮机尾流之间的相互干扰作用。从上述文献可以看出,现阶段的研究主要集中在裸涡轮机在潮流条件下的水动力性能分析,然而对潮流能导管涡轮机的相关研究还很少,这阻碍了潮流能导管涡轮机的大规模商业化应用。

1.3　本章小结

本章介绍了潮流能涡轮机的相关研究背景与意义,综述了国内外潮流能涡轮机的研究进展与应用现状,并提出了一些所涉及的关键技术问题。

第 2 章　高性能水动力翼型
及叶轮的优化设计

　　潮流能涡轮机根据运行方式可分为水平轴式与垂直轴式两种,其中水平轴式涡轮机因其具有发电效率高、可控性好、环境友好等优点[108-109]被广泛使用。目前商用的水平轴式涡轮机叶轮一般采用扭曲类翼型,其叶片设计可以参考风力机[110-112]的设计。该类型叶片在延向上的弦长和安装角都是变化的,弦长及安装角从叶根到叶尖逐渐减小,从而使得叶片的各个截面都处于最佳攻角范围内,以获得最佳的水动力性能。叶片通常采用特定的翼型截面,与飞机机翼有一定的相似性,翼型截面直接影响潮流能涡轮机的水动力性能。在水流通过旋转的叶片后,叶片两侧的流动情况有所差异。一侧表面流速较快,而另一侧表面流速较慢,在叶片表面形成正压与负压,而叶片两端的压力差将为叶片提供切向驱动力,从而带动叶轮旋转,最终实现将潮流能转化为机械能再转化为电能的流程。尽管风力机与潮流能涡轮机的工作原理基本相同,但潮流能涡轮机的工作环境复杂多变,在设计过程中需考虑更多的影响因素,如水动力翼型的性能、水动力载荷、材料结构强度、空化发生的可能性等,因此对此类影响因素的准确评估至关重要。采用模型试验的手段虽然能最贴近实际,但其成本较高、周期较长,并且对于一些复杂的流场分析来说,仍无法通过试验方法取得满意的结果。随着近年来CFD技术的不断发展和完善,采用CFD手段去解决实际工程问题也成为一种高效的科学研究方法,其优点是易于调整计算数值和计算参数从而进行方案比较,该方法可不受物理模型的限制,可高效地分析出目标的性能[113]。

2.1　CFD 数值求解理论及方法

　　CFD是流体力学的一个分支,它是建立在经典流体力学基础和数值计算理论之上的一种数值方法,利用计算机技术对特定的流场信息进行控制方程的求解。目前,该技术在船舶工业、航空航天、机械制造和建筑工程等领域中发挥的作用越来越大。虽然,CFD技术在精度和可靠性等方面还无法完全取代试验,但作为工程应用中的重要辅助手段,可在一定程度上部分替代耗费巨大的试验,极大地缩短了工程研发的进程和成本。本节将介绍 CFD 数值模拟方法的控制方程、雷诺时均方程、湍流模型和数值离散方法。

2.1.1　控制方程

对于潮流能涡轮机的流场问题,其运动介质为水,且处于常温、常压范围,视为不可压缩的牛顿流体。控制方程主要包括连续方程和动量方程,其微分形式可分别表达为

$$\frac{\partial u_i}{\partial x_i} = 0 \tag{2-1}$$

$$\rho\,\frac{\partial u_i}{\partial t} + \rho u_j\,\frac{\partial u_i}{\partial x_j} = f_i - \frac{\partial p_i}{\partial x_i} + \mu \nabla^2 u_i \tag{2-2}$$

式中:u_i 为时均速度;p_i 为流体时均压力;ρ 为流体密度;μ 为流体动力黏性系数;f_i 为体积力分量。

2.1.2　雷诺时均方程

由于流体机械的流场求解是高度复杂的非线性湍流流动,所以设法对雷诺应力做某种近似和简化处理。一般认为,湍流流动同样适用于连续方程和 N-S 方程。湍流流动可以看作由两部分组成,即时间平均流动和瞬时脉动流动,则流场中因变量的瞬时值可由下式表示:

$$u = \bar{u} + u',\ v = \bar{v} + v',\ w = \bar{w} + w',\ p = \bar{p} + p',\ f = \bar{f} + f' \tag{2-3}$$

通常 f 为重力加速度常量,不随时间脉动。因此,$f' = 0$。将上述表达式代入连续方程和动量方程,并对时间取平均,得到湍流流动的基本方程为

$$\frac{\partial \bar{u}_i}{\partial x_i} = 0 \tag{2-4}$$

动量方程表示为

$$\rho\,\frac{\partial \bar{u}_i}{\partial t} + \rho \bar{u}_j\,\frac{\partial \bar{u}_i}{\partial x_j} = \bar{f}_i - \frac{\partial \bar{p}_i}{\partial x_i} + \frac{\partial}{\partial x_j}\left(\mu\,\frac{\partial \bar{u}_i}{\partial x_j} - \rho\,\overline{u_i' u_j'}\right) \tag{2-5}$$

式(2-5)即为雷诺时均 N-S (Reynolds-Averaged Navier-Stokes,RANS)方程式,$-\rho\,\overline{u_i' u_j'}$ 表示雷诺应力,记为

$$\tau_{ij} = -\rho\,\overline{u_i' u_j'} \tag{2-6}$$

2.1.3　湍流模型

湍流是自然界中一种常见的流动状态,当雷诺数大于临界值时,温度、速度、压强等流动参数都会在空间和时间上发生随机性变化,流动状态会变得杂乱无章。目前,主要的湍流模型方法包括雷诺时均模型、大涡模拟和直接数值模拟。

根据对雷诺应力的假设与处理方式的不同,雷诺时均模型又可分为涡黏模型和雷诺应力模型两种。涡黏模型是基于 Boussinesq 在 1877 年提出的通过涡旋黏性来建立雷诺应力与平均速度之间的关系[114],认为雷诺应力与平均速度梯度成正比。Boussinesq 假设提出后被广泛认可,目前已成为工程应用中较为常用的雷诺湍流模型。

Menter 于 1994 年提出了 SST $k-\omega$ 湍流模型[115],该模型结合了 $k-\varepsilon$ 模型与 $k-\omega$ 模型的优势,近壁区采用 $k-\omega$,而远处自由剪切流动则采用 $k-\varepsilon$。SST $k-\omega$ 湍流模型在模拟流动分离和压力梯度的方面具有良好的表现,与其他湍流模型相比,SST $k-\omega$ 湍流模型不仅效率高而且可以很好地模拟失速特性[116],因此,本书采用 SST $k-\omega$ 湍流模型进行相关数值模拟。

k 运输方程:

$$\frac{\partial(\rho k)}{\partial t}+\frac{\partial(\rho k u_i)}{\partial x_i}=\frac{\partial}{\partial x_j}\left[\Gamma_k\frac{\partial k}{\partial x_j}\right]+G_k-Y_k \tag{2-7}$$

ω 运输方程:

$$\frac{\partial(\rho\omega)}{\partial t}+\frac{\partial(\rho\omega u_i)}{\partial x_i}=\frac{\partial}{\partial x_j}\left[\Gamma_\omega\frac{\partial\omega}{\partial x_j}\right]+G_\omega-Y_\omega+D_\omega \tag{2-8}$$

式中:Γ_k 与 Γ_ω 分别表示 k 与 ω 的有效扩散项;Y_k 与 Y_ω 分别表示 k 与 ω 的耗散项;G_k 与 G_ω 分别表示 k 与 ω 的湍流生成项;D_ω 为 ω 的发散项。

2.1.4　数值离散方法

求解流场信息其实是求一系列偏微分方程组[117],虽然在理论上这些求解域内是有精确解的,但由于所处理的方程及边界条件的复杂性和多样性,往往难以获得真解,只能通过数值方法简化求得近似解。数值方法是通过对连续介质的数学模型进行离散化处理得到的一系列方程组,并对这些方程组使用求解算法[118-119]。目前,CFD 数值求解算法主要包括有限体积法(Finite Volume Method,FVM)、有限差分法(Finite Difference Method,FDM)、有限元法(Finite Element Method,

FEM)、边界元法(Boundary Element Method,BEM)。在 FVM 法中,单元节点按照顺序排列的网格被称为结构网格,而节点按照某种不规则的方式排列的网格被称为非结构网格。非结构网格相比结构网格具有一定的网格适应性,在处理复杂边界流场的计算问题上更有效,本书后续的案例主要也是建立在基于非结构网格的有限体积法上的。

2.2　高性能水动力翼型的开发

一般而言,采用具有较高升力系数(C_L)和升阻比(C_L/C_D)的翼型截面的涡轮机通常具有更好的水动力性能。鉴于叶片的扭曲和锥度分布以及叶轮旋转特点,为了使设计的涡轮叶片具有更好的效率和性能,C_L/C_D 应尽可能高;最小压力系数($C_{p\min}$)应足够高出临界压力系数($C_{p\text{crit}}$),以避免流动分离和空化;叶片根部翼型截面应足够厚,以满足结构强度要求。此外,为了使涡轮机在复杂工况下运行稳定,翼型需在较宽的攻角(α)范围内维持较高的 C_L 和 C_L/C_D 值。针对新型翼型的开发,笔者前期对多种翼型的水动力性能进行了调研和评估,最终选择了两种水动力性能较好的翼型作为设计基础:E423 翼型和 S814 翼型。采用混合翼型设计法,通过结合 S814 翼型的上表面与 E423 翼型的下表面("过渡 1"翼型),同时调整最大厚度与拱度,得到一款新型水动力翼型("过渡 2"翼型),之后对该翼型做进一步的优化提升。

升力系数与阻力系数定义如下式:

$$C_L = \frac{F_L}{0.5\rho U_0^2 d} \tag{2-9}$$

$$C_D = \frac{F_D}{0.5\rho U_0^2 d} \tag{2-10}$$

雷诺数定义如下式:

$$Re = \frac{\rho U_0 d}{\mu} \tag{2-11}$$

式中:F_L 为升力;F_D 为阻力;U_0 为来流速度;ρ 为流体密度;μ 为黏性系数;d 为特征长度。

在对翼型进行优化时,需要对翼型进行参数化建模,即:通过改变控制参数就能改变翼型几何外形。翼型参数化建模是优化过程中的极为重要的部分,它决定了优化变量的选取与优化后的翼型各种特征的取值。Hicks - Henne 型函数法是应用最为广泛的一种翼型参数化方法,由 Raymond M. Hicks 和 Preston A. Henne[120] 于 1978 年提出。该方法具有精度高、稳定性强等特点,十分适合用于描述翼型[121]。利用 Hicks - Henne 型函数法将翼型的上、下型面分别表示为

$$y_{\text{top}} = y_{0\text{top}} + \sum_{k=1}^{k=n} c_k f_k(x) \tag{2-12}$$

$$y_{\text{low}} = y_{0\text{low}} + \sum_{k=1}^{k=n} c_{k+n} f_k(x) \tag{2-13}$$

式中:y_{top} 与 y_{low} 分别表示翼型函数上、下形线,$y_{0\text{top}}$ 与 $y_{0\text{low}}$ 为对应的基准翼型函数。翼型形线上各点横坐标满足 $x \in [0,1]$。c_k 为控制参数,是决定翼型厚度和拱度的主要参数,本书取值范围设定为 $[-0.005, 0.005]$[122]。n 为控制参数的个数,取 $n=6$,即翼型上、下型面各有 6 个优化变量用于改变形状。$f_k(x)$ 为 Hicks - Henne 基函数,表达式如下:

$$f_k(x) = \begin{cases} x^{0.25}(1-x)\,\mathrm{e}^{-20x}, & k=1 \\ \sin^3(\pi x^{e(k)}), & k \geqslant 2 \end{cases} \tag{2-14}$$

$$e(k) = \frac{\ln 0.5}{\ln x_k}, \quad 0 \leqslant x_k \leqslant 1 \tag{2-15}$$

式中:$0 \leqslant x \leqslant 1$,$k=2,3,4,5,6,7$ 时,x_k 分别为 0.15,0.30,0.45,0.60,0.75,0.90。

水动力翼型的优化是一个多目标问题,多目标优化[123]（Multi - Objective Optimization,MOO)是一种通过寻找最优解以同时满足多个优化目标的优化方法,在优化过程中将涉及不止一个目标函数[例如:$f_1(x)=C_L$,$f_2(x)=C_L/C_D$,$f_3(x)=C_{p\min}$],这些目标函数并不是孤立存在的,它们相互之间存在竞争关系,往往一个目标函数的提升将会引起其他目标函数的降低,多目标优化表达式如下:

$$\min F(x) = \begin{bmatrix} f_1(x) & f_2(x) & f_3(x) & \cdots & f_n(x) \end{bmatrix}^{\mathrm{T}} \tag{2-16}$$

$$\text{s.t.} \begin{cases} g_i(x) \leqslant 0, & i=1,2,3,\cdots,k \\ h_i(x) = 0, & i=1,2,3,\cdots,q \\ x \in \psi \end{cases} \tag{2-17}$$

式中:x 为优化变量;ψ 为优化样本空间;$F(x)$ 为优化目标函数;$f_n(x)$ 为子目标函数;$g_i(x)$ 和 $h_i(x)$ 为约束条件。

采用合适的多目标优化算法也是翼型优化的关键。近年来,遗传算法由于其

适用性强、扩展性好而被广泛运用。遗传算法的基本概念于 20 世纪 60 年代由 Rechenberg 提出,目前被广泛使用的遗传算法则是 John Holland[124] 于 1975 年提出的。而当今对多目标问题的求解,多是采用多目标遗传算法进行的,本书采用第二代非支配排序多目标遗传算法(Non - dominated Sorting Genetic Algorithm - Ⅱ,NSGA -Ⅱ)对翼型进行优化。NSGA -Ⅱ具有求解速度快、精度高、鲁棒性能好等特点,十分适合翼型的优化设计需求[125-126]。

对翼型进行多目标优化求解中,将参数化建模、优化算法与 CFD 组合起来,实现最优方案的求解。在约束条件内,利用 NSGA -Ⅱ多目标遗传优化算法寻找最优的参数组合以满足水动力性能的目标函数。首先,采用参数化建模生成翼型坐标点;其次,调用 XFoil 软件,进行流场计算,得到 C_L、C_L/C_D、C_{pmin} 的计算结果。若满足要求则过程结束,若不满足要求,则由 NSGA -Ⅱ控制生成新的参数模型并重复计算过程。程序结束后得到的最优解即为优化计算的最终结果,翼型设计示意图及多目标优化流程图如图 2 -1 所示。

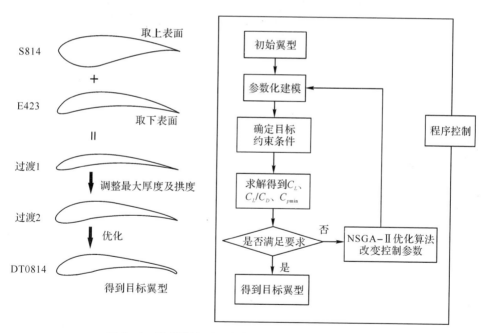

图 2-1　翼型设计(左)及多目标优化流程(右)示意图

结合实际工作需求,水平轴式涡轮机翼型的攻角一般保持在较低范围内(4°～6°),对"过渡 2"翼型进行水动力分析时发现其升阻比在低攻角范围内性能欠缺,尤其在 5°攻角时出现性能拐点[见图 2 - 2(c)]。因此将"过渡 2"翼型的优化工况

设定为5°攻角,具体优化流程如下:

(1)优化工况:对"过渡2"翼型在攻角为5°,$Re = 5 \times 10^5$时进行多目标水动力性能的优化。

(2)约束条件为优化后的翼型最大厚度不变。

(3)优化目标设置为:要求提高升力系数、升阻比和最小压力系数值。

"过渡2"翼型与优化后的DT0814翼型如图2-2(a)所示,可以看出:"过渡2"与DT0814的最大厚度保持一致;DT0814后半段上下翼面整体上凸,拱度略有增加。两种翼型在5°攻角的水动力性能如表2-1所示,可以看出,DT0814的升力系数、升阻比及最小压力系数均得到了优化提升。两种翼型的升力系数、升阻比及最小压力系数在攻角为0°~15°时的对比分别如图2-2(b)(c)(d)所示。可以看出,DT0814在全攻角范围内升力系数均得到了提升,升阻比在0°~9°范围内得到了提升,而最小压力系数在0°~7°范围内得到了提升,整体优化效果较为显著。

表 2-1　两种翼型在5°攻角的水动力性能

翼型	C_L	C_L/C_D	$C_{p\min}$	C_L变化率	C_L/C_D变化率	$C_{p\min}$变化率
过渡2	1.446 1	91.826 23	-2.290 8	—	—	—
DT0814	1.737 3	101.990 33	-2.074 4	+20.1%	+11.1%	+9.4%

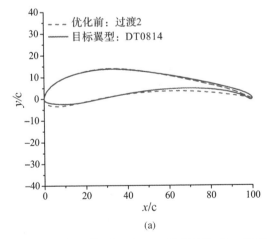

(a)

图 2-2　"过渡2"翼型与DT0814翼型对比,$Re = 5 \times 10^5$

(a) 两种翼型

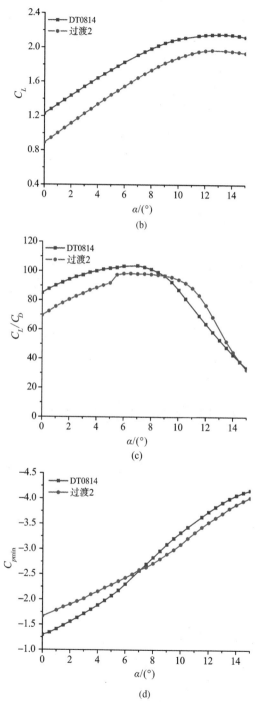

续图 2-2　"过渡 2"翼型与 DT0814 翼型对比, $Re = 5 \times 10^5$

(b) 升力系数；(c) 升阻比；(d) 最小压力系数

　　此外,涡轮机叶片沿径向一般需要 3～5 种翼型进行堆叠造型。对于靠近叶尖处的翼型(70％～100％),应着重考虑其水动力性能,该部分翼型较薄,设置最大相对厚度不超过 16％。对于靠近叶根部分的翼型(0％～30％),则需要着重考虑其结构性能,该部分翼型较厚,设置最大相对厚度不小于 20％。其余部分的翼型应同时满足水动力性能和结构性能的需求,并具备一定的几何兼容性[127]。因此,为了保证叶片具有良好的水动力性能且满足结构要求,根据 DT0814 设计了另外四种不同厚度的 DT08XX 翼型,如图 2-3 所示。

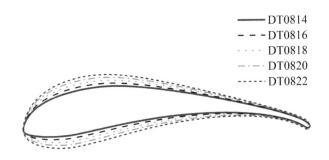

图 2-3　DT08XX 翼型

2.3　高性能水动力翼型性能分析

　　在设计叶片之前,首先要确定翼型的最佳攻角(α),最佳攻角一般可从 C_L/C_D 分布来确定[如图 2-4(a)所示]。从图中可以看出,DT 翼型的最佳攻角在 6°左右。

　　将常用翼型(包括 NREL'S 系列[128-129]和 NACA 系列)与 DT08XX 翼型进行性能对比,可以看出,NREL'S 翼型和 NACA 翼型的 C_L 都低于 DT08XX 翼型[如图 2-4(b)所示]。同时,DT08XX 翼型的 C_L/C_D 适用范围相比 NREL'S 翼型和 NACA 翼型更广。当 α 为 6°时,所有 DT 翼型的 C_L 值均介于 1.6～1.9 之间,而 C_L/C_D 值介于 80～105 之间。此外,通过比较翼型表面局部压力分布和空化数,可以预测涡轮叶片的空化性能,空化数定义如下:

$$\sigma = \frac{p_{AT} + \rho g h - p_V}{0.5\rho W^2} = -C_{p\text{crit}} \qquad (2-18)$$

式中:p_{AT} 为大气压力(取 101.3 kPa);p_V 为 20℃温度下海水的饱和蒸气压(取

2.3 kPa);h 为叶轮叶尖与自由水面之间的最短距离;W 为相对速度,可近似由下式得到

$$W=\sqrt{U_0^2+\omega^2 r^2}\qquad(2-19)$$

叶轮尖速比 TSR 为

$$TSR=\frac{\Omega R}{U_0}\qquad(2-20)$$

式中:U_0 为来流速度;Ω 为叶轮角速度;R 为叶轮半径;r 为叶轮中心到叶素截面径向上的相对距离。

如果 $C_{p\min}$ 小于 $C_{p\mathrm{crit}}$,将发生空化。由于叶尖的相对速度最高,此处发生空化的概率大于其余叶片截面。图 2-4(c)为翼型最小压力系数对比曲线。对于所有 DT 翼型,在最佳 $\alpha=6°$ 下的 $C_{p\min}$ 均大于 -2.6,其中 DT0814 的 $C_{p\min}$ 为 -2.1,DT0818 的 $C_{p\min}$ 为 -2.32,DT0822 的 $C_{p\min}$ 为 -2.6。根据式(2-18)~式(2-20),以 $TSR=4,h=2$ m 为例,叶轮叶尖在 $U_0=1$ m/s、1.5 m/s 和 2 m/s 下的 $C_{p\mathrm{crit}}$ 分别为 -13.7、-6.08 和 -3.42。因此,在这些流速下不会出现空化。然而,在 $U_0=2.5$ m/s 下叶尖的 $C_{p\mathrm{crit}}$ 为 -2.19,接近 DT0814 的 $C_{p\min}$,在该流速下可能会出现空化。当 $U_0=3$ m/s 时,叶尖的 $C_{p\mathrm{crit}}$ 为 -1.52,在这种情况下,叶片截面的入流角需要略微调整,以使局部攻角低于 6°。同时,除最佳 α 较小的 S828 翼型外,NACA 和 NREL'S 翼型在最佳攻角下的 $C_{p\min}$ 均低于 DT0814~DT0820 翼型。

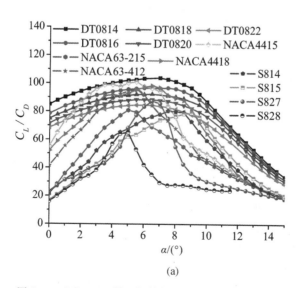

(a)

图 2-4　DT08XX 翼型与其他翼型对比,$Re=5\times10^5$

(a)升阻比

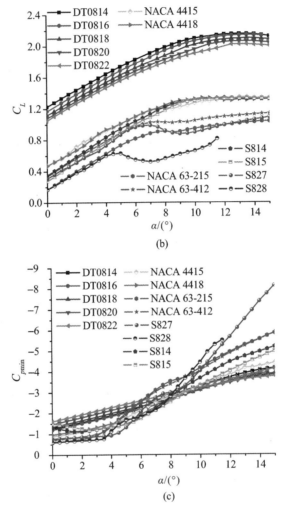

续图 2-4　DT08XX 翼型与其他翼型对比，$Re = 5 \times 10^5$
（b）升力系数；（c）最小压力系数

　　以叶尖处的 DT0814 翼型为例，处于不同攻角下的湍动能分布如图 2-5 所示（见插页彩图 2-5），压力及速度流线分布如图 2-6 所示（见插页彩图 2-6）。从这些图中可以看出翼型表面的湍动能水平和压力趋势。随着攻角（α）的增大，翼型下表面的压力将逐渐增大，而上表面的负压也将逐渐增大，此时，如果上表面的压力下降过快，就没有足够的动能来承受翼型下游的压力梯度，将出现流动分离情况并影响叶片的性能。然而，若流动从上游到下游有足够高的平均动能水平，流体将贴合翼型表面流动。可以看出，在最佳攻角为 6° 时，DT0814 的流动情况良好，没有出现流动分离。综上所述，DT08XX 翼型具有良好的水动力性能。

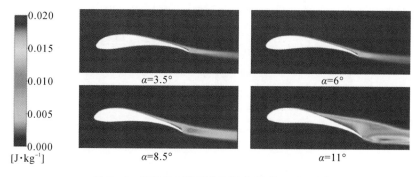

图 2-5　DT0814 翼型湍动能分布,$Re = 5 \times 10^5$

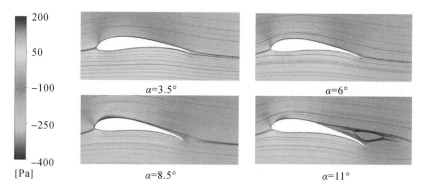

图 2-6　DT0814 翼型压力及速度流线分布,$Re = 5 \times 10^5$

2.4　叶轮设计理论

叶轮的获能原理是基于动量理论,而叶素是构成叶轮叶片的基本元素。本节将继续对叶素动量理论及方法进行阐述,这也构成了本书潮流能涡轮机设计的理论基石。

2.4.1　动量理论

将叶轮看成一个制动盘,且叶轮轴向与水流方向保持一致。在水流通过制动盘后,制动盘将吸收一部分能量。此处做一个假设,即将受到制动盘影响的水流分离出来并向上游和下游延伸,这就形成了一个圆形截面的流管,如图 2-7 所示。流管中的流体穿过制动盘并以压降的形式将流体动能传递给制动盘。制动盘两侧

的压力差使其受到一个轴向推力,同时上游和下游均满足伯努利方程,即

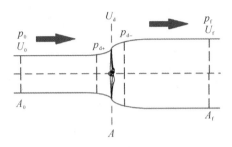

图 2 - 7　制动盘示意图

$$p_0 + \frac{1}{2}\rho U_0^2 = p_{d+} + \frac{1}{2}\rho U_d^2 \qquad (2-21)$$

$$p_{d-} + \frac{1}{2}\rho U_d^2 = p_f + \frac{1}{2}\rho U_f^2 \qquad (2-22)$$

式中:p_0 为来流压力;ρ 为流体密度(全书统一取海水密度 $\rho=1\,025\ \mathrm{kg/m^3}$);$U_0$ 为来流速度;U_d 为制动盘盘面流速;p_{d+} 为制动盘上游相邻处压力;p_{d-} 为制动盘下游相邻处压力;p_f 为远场尾流压力;U_f 为远场尾流速度。

图 2 - 7 中,A 为制动盘扫掠面积,A_0 为远场来流流管截面面积,A_f 为远场尾流流管截面面积。

此外,对流管做进一步假设:水流为不可压缩流体,轴向推力在制动盘上均匀分布,制动盘盘面上没有摩擦力,制动盘尾流不产生旋涡,来流压力与远场尾流压力相同,流场各处无重力影响。从而,制动盘所受轴向推力可表示为

$$F = (p_{d+} - p_{d-})A = \frac{1}{2}\rho A (U_0^2 - U_f^2) \qquad (2-23)$$

轴向推力采用流体动量变化率表示为

$$F = U_0(\rho A_0 U_0) - U_f(\rho A_f U_f) \qquad (2-24)$$

根据流动连续性,流管各处的质量流量相等,即

$$\rho A_0 U_0 = \rho A U_d = \rho A_f U_f \qquad (2-25)$$

联立方程式(2-24)和式(2-25),则

$$F = \rho A U_d(U_0 - U_f) \qquad (2-26)$$

再联立方程式(2-23)和式(2-26),可得到制动盘处流速与上下游流速的关系,即

$$U_d = \frac{1}{2}(U_0 + U_f) \qquad (2-27)$$

定义 a 为轴向诱导因子,表示流体从上游到达制动盘处的速度衰减程度,则有

$$U_d = U_0 (1 - a) \tag{2-28}$$

$$U_f = U_0 (1 - 2a) \tag{2-29}$$

流体对制动盘做功 P 为

$$P = FU_d = \frac{1}{2}\rho A (U_0^2 - U_f^2) U_d = \frac{1}{2}\rho A U_0^3 \left[4a (1 - a)^2 \right] \tag{2-30}$$

流体对制动盘轴向作用推力 F 为

$$F = \frac{1}{2}\rho A U_0^2 \left[4a (1 - a) \right] \tag{2-31}$$

定义叶轮功率系数为

$$C_P = \frac{P}{0.5\rho A U_0^3} \tag{2-32}$$

定义叶轮轴向推力系数为

$$C_{TR} = \frac{F}{0.5\rho A U_0^2} \tag{2-33}$$

上述方程表明功率系数是关于轴向速度诱导因子的函数,因此可以对功率系数求导来计算其极限值。对 C_P 中 a 进行求导得到当 $a = 1/3$ 时,C_P 有最大值 16/27,这个值被称为贝茨极限[130-131],为开敞式叶轮在理论上所能达到的最大功率系数。又将 $a = 1/3$ 代入 C_{TR} 表达式中,得到 $C_{TR} = 8/9$,即达到贝茨极限所对应的叶轮轴向推力系数。

上述动量理论对制动盘尾流进行了无旋假设,而实际情况下尾流的旋转会使叶轮损失一部分能量,因此需进行尾旋修正,同时还需考虑叶片数、叶尖损失的影响。定义 r 为制动盘盘面处的相对半径,dr 为相对半径上微段圆环的厚度。当叶轮转速与相邻流体角速度较为接近时,则流管上下游压力相等依然成立。

定义 b 为环向诱导因子,ω 为来流通过叶轮后获得的切向诱导速度,Ω 为叶轮角速度,有

$$b = \frac{\omega}{2\Omega} \tag{2-34}$$

平面厚度 dr 制动盘轴向推力 dF 为

$$dF = 4\rho \pi U_0^2 a (1 - a) r \, dr \tag{2-35}$$

平面厚度 dr 制动盘扭矩 dM 为

$$dM = \rho U_0 (1 - a) 2\pi r \, dr (\omega r) r \tag{2-36}$$

将式(2-34)代入式(2-36),则平面厚度 dr 功率 dP 为

$$dP = \Omega dM = 4\rho U_0 \Omega^2 b (1 - a) \pi r^3 \, dr \tag{2-37}$$

将上式联立式(2-32)和式(2-20),则 dC_P 为

$$\mathrm{d}C_P = 8\frac{TSR^2}{R^4}b(1-a)r^3\mathrm{d}r \qquad (2-38)$$

2.4.2 叶素理论

将叶片沿展向划分成一系列的微段,称为叶素(厚度为 $\mathrm{d}r$)。由动量理论可知,来流轴向速度为 $U_0(1-a)$,环向速度为 $\Omega r(1+b)$,相对合速度为 W, α 为攻角, β 为安装角, φ 为入流角,如图 2-8 所示。

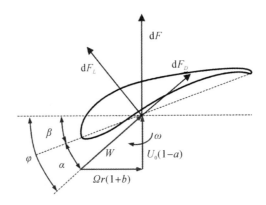

图 2-8 叶素受力分析

$$\tan\varphi = \frac{U_0(1-a)}{\Omega r(1+b)} = \frac{R(1-a)}{r(1+b)TSR} \qquad (2-39)$$

$$\alpha = \varphi - \beta \qquad (2-40)$$

叶素在流场中所受的力只和雷诺数与攻角有关,叶素所受的力本质上来源于叶素表面流体压力的合力。升力微元 $\mathrm{d}F_L$ 和阻力微元 $\mathrm{d}F_D$ 与相对速度 W 的关系为

$$\mathrm{d}F_L = \frac{1}{2}\rho W^2 CC_L\mathrm{d}r \qquad (2-41)$$

$$\mathrm{d}F_D = \frac{1}{2}\rho W^2 CC_D\mathrm{d}r \qquad (2-42)$$

式中: C 为叶素弦长; C_L 为升力系数; C_D 为阻力系数。将升力与阻力沿轴向和切向分解,得到叶素轴向力和扭矩:

$$\mathrm{d}F = \mathrm{d}F_L\cos\varphi + \mathrm{d}F_D\sin\varphi \qquad (2-43)$$

$$\mathrm{d}M = r(\mathrm{d}F_L\sin\varphi - \mathrm{d}F_D\cos\varphi) \qquad (2-44)$$

对于叶片数量为 B 的叶轮,则微元 $\mathrm{d}r$ 作用在半径为 r、厚度为 $\mathrm{d}r$ 的环形区域

上的轴向力和扭矩为

$$dF = \frac{1}{2}\rho BC W^2 (C_L \cos\varphi + C_D \sin\varphi)\, dr \qquad (2-45)$$

$$dM = \frac{1}{2}\rho BC W^2 (C_L \sin\varphi - C_D \cos\varphi)\, r\, dr \qquad (2-46)$$

至此,分别得出了考虑尾流旋转的叶素动量理论的轴向推力与扭矩计算公式。将式(2-45)和式(2-46)分别联立式(2-35)和式(2-36)可得如下公式:

$$\frac{8\pi ra}{1-a}\sin^2\varphi = BC(C_L \cos\varphi + C_D \sin\varphi) \qquad (2-47)$$

$$\frac{8\pi rb}{1+b}\cos\varphi \sin\varphi = BC(C_L \sin\varphi - C_D \cos\varphi) \qquad (2-48)$$

2.4.3　叶尖损失修正

叶素动量理论推导过程中忽略了流体径向的运动,叶轮转动时会在叶尖附近产生压力差,在压力梯度的作用下,有从高压侧绕过叶尖流向低压侧的趋势,致使此处的叶素所受的升力下降,进而导致叶轮获能性能下降。

Prandtl[132]给出了叶尖损失系数的修正:

$$k = \frac{2}{\pi}\arccos(e^{\frac{-B(R-r)}{2R}\sqrt{1+TSR^2}}) \qquad (2-49)$$

之后又有许多学者提出了新的叶尖损失因子方案,这些方案一般都是在 Prandtl 的基础上进行的一些改进,比如 Glauert[133]的方案:

$$k = \frac{2}{\pi}\arccos(e^{\frac{-B(R-r)}{2r\sin\varphi}}) \qquad (2-50)$$

Prandtl 和 Glauert 的方案虽然应用广泛,但是存在一个奇点问题,即当 r 趋向于 R 时(叶尖处)的损失系数趋于零,此时反推叶尖处的流场流速也为零,这是与实际情况不符的。后续还有 Wilson 等人[134]和 De Vries O[135]提出了改进方案,但也未能解决奇点问题。随后,为了解决奇点问题,Shen 等人[136]基于试验,提出了新的修正系数:

$$k = \frac{2}{\pi}\arccos(e^{-g\frac{B(R-r)}{2R\sin\varphi}}) \qquad (2-51)$$

$$g = e^{-c_1(B \cdot TSR - c_2)} \qquad (2-52)$$

式中:$c_1 = 0.125$,$c_2 = 2$,由试验测得。

采用叶尖损失修正方案,则式(2-47)和式(2-48)改写为

$$k \frac{8\pi ra}{1-a} \sin^2\varphi = BC(C_L\cos\varphi + C_D\sin\varphi) \qquad (2-53)$$

$$k \frac{8\pi rb}{1+b} \cos\varphi\sin\varphi = BC(C_L\sin\varphi - C_D\cos\varphi) \qquad (2-54)$$

至此,可由式(2-53)和式(2-54)迭代计算求得半径 r 处的弦长 C 和入流角 φ,由式(2-40)可进一步确定安装角 β。

2.5　叶轮的设计与分析

叶轮叶片的水动力设计着重于翼型的选取、弦长及安装角的分布计算,以达到期望的水动力性能。目前虽然有各种形式的叶轮设计,但最为广泛的还是具有两个或三个叶片的水平轴叶轮[137]。在前几节的基础上,本节采用 DT08XX 翼型及叶素动量理论设计叶轮。

2.5.1　基本参数

1. 设计功率及流速

国内外的潮流能涡轮发电机组通常都会选择一个较高的设计流速,如浙江大学的水平轴式潮流能发电机组,设计流速为 2.0 m/s[138]。英国的 Sea Gen 机组,设计流速为 2.4 m/s。意大利的 AR1000 机组,设计流速为 2.65 m/s[139]。本书的水平轴式潮流能涡轮机的设计功率 P 为 320 W,设计来流速度 $U_0 = 2$ m/s。

2. 设计功率系数

功率系数 C_P 决定了涡轮机的理论发电量,C_P 预估值为 0.4。

3. 设计叶轮直径、叶片数及尖速比

叶轮直径可由下式计算得到,因此本书取直径 $D = 0.5$ m。叶片数取常规设置 $B = 3$。

$$D = \sqrt{\frac{P}{0.125\pi\rho C_P U_0^3}} = \sqrt{\frac{320}{0.125 \times \pi \times 1\,025 \times 0.4 \times 8}} \approx 0.498\,4 \qquad (2-55)$$

叶轮的最佳 TSR 的选择适合不同的工况下运行,一般而言,低尖速比叶轮具有良好的非空化特性,高尖速比叶轮具有较高的能量获取率[140],本书的设计 $TSR = 4.0$。

2.5.2　设计流程

运用叶素动量理论对叶片进行设计（叶尖损失因子 k 采用 Glauert 的方案），通过迭代法对叶片各叶素截面的弦长和安装角进行计算修正，使其在设计工况下获得最佳性能。DT08XX 翼型被安置在不同的叶片截面位置，如表 2-2 所示。靠近根部附近采用最大厚度的 DT0822 翼型，起到连接轮毂和提供结构强度的作用。另外，DT0814 翼型具有最佳的水动力性能，因此被用于叶尖截面处，从 $r/R=0.5\sim$ 1.0 采用 DT0818、DT0816、DT0814 翼型，该部分对叶轮的水动力性能起到决定性作用，贡献了涡轮机总功率的 $70\%\sim80\%$[141]。运用叶素动量理论的叶轮设计流程如图 2-9 所示，叶片上不同叶素截面的弦长及安装角分布分别如图 2-10 和图 2-11 所示。

表 2-2　翼型与叶片截面

叶片截面(r/R)	翼型	相对拱度/(%)	相对厚度/(%)
0.1~0.2	DT0822	8	22
0.3~0.4	DT0820	8	20
0.5~0.6	DT0818	8	18
0.7~0.8	DT0816	8	16
0.9~1.0	DT0814	8	14

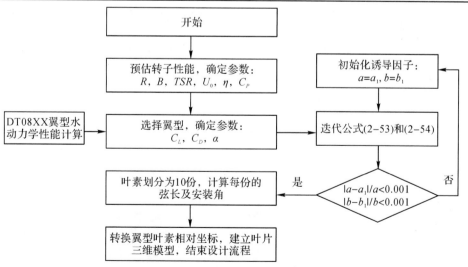

图 2-9　运用叶素动量理论的叶轮设计流程图

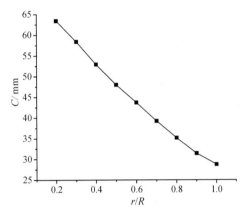

图 2-10 叶片上不同叶素截面弦长分布

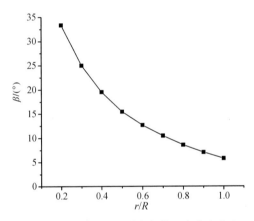

图 2-11 叶片上不同叶素截面安装角分布

最后,采用三维软件对各叶素翼型进行坐标转换并放样生成三维实体模型,对叶片模型进行从根部到叶尖的线性光滑修正,设置毂径比为 0.05,并对叶片进行环形阵列,生成最终的叶轮模型,如图 2-12 所示。

图 2-12 叶轮(左)与单个叶片的叶素截面分布(右)

2.5.3　叶轮水动力特性分析

裸涡轮机(叶轮)在 $U_0 = 2$ m/s 下的 C_P、C_{TR} 随 TSR 变化曲线如图 2-13 所示,其最大 C_P 在 $TSR = 4.25$ 时,为 0.44。当 TSR 为 3.0～5.0 时,C_{TR} 随 TSR 的增加而增加,当 TSR 超过 5.0 后,C_{TR} 趋于稳定并且保持在 0.95 左右。同时,当 TSR 介于 3.5～5.0 时,裸涡轮机的 C_P 值均超过 0.4。可以看出,本书所采用的新翼型设计的叶轮具有较高的获能效率。

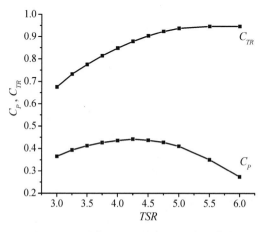

图 2-13　叶轮 C_P、C_{TR} 随 TSR 变化曲线

2.6　本章小结

本章介绍了 CFD 数值求解理论及方法,并采用混合翼型设计法和 Hicks-Henne 型函数法对一种新型水动力翼型进行了设计、多目标遗传优化和性能分析,从动量理论、叶素理论、叶尖损失等方面,详细阐述了叶素动量理论的完整架构和推导过程,实现了从二维翼型到三维叶片再到叶轮的理论设计流程,为后续的研究奠定了基础,本章的主要结论如下:

(1)DT0814 翼型相比优化前的"过渡 2"翼型在全攻角范围内升力系数均得到了提升,升阻比在 0°～9°范围内得到了提升,而最小压力系数在 0°～7°范围内也得到了提升,整体优化效果较为显著。五种全系列 DT08XX 翼型相比传统的 NACA 翼型及 NREL'S 翼型能在较宽的攻角范围内提供更高的升力系数和升阻比,且具

有良好的非空化性能。

(2)采用迭代法计算得到叶片各叶素截面的弦长和安装角,根据计算结果对五种全系列 DT08XX 翼型进行三维放样建模和线性光滑修正,通过叶片环形阵列和合成轮毂,最终完成了 0.5 m 直径的三叶水平轴叶轮的设计工作。对叶轮进行了水动力性能分析,结果表明本书所采用的新翼型设计的叶轮具有较高的获能效率。

第3章　导管涡轮机方案设计

3.1　导　管　设　计

　　涡轮机的导管设计一般利用文丘里效应的后置扩张型或对称型设计。当体积受限流体通过缩小的过流断面时流速增大，由伯努利定律可知流速的增大伴随流体压力的降低，因此当导管出口相对于断流面较小的喉部存在一定面积差时，尾流区域会形成一个低压区[142]，该低压区会对导管喉部流体产生一个抽吸作用，从而增大喉部处的相对流量，最终提升了位于喉部处的涡轮机叶轮的输出功率。图3-1(见插页彩图3-1)、图3-2(见插页彩图3-2)分别为后置扩张型导管的速度云图及压力云图，由图可以清晰看出导管喉部处的流速明显高于外部流场，喉部处压力明显低于外部压力。此外，导管除了能显著提高涡轮机的输出功率外，还能保护叶轮和发电机免受杂质(岩石、碎片、鱼类等)的影响，以及起到一定的结构承载作用等[143]。

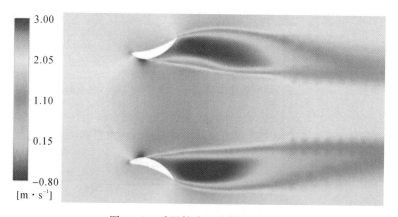

图 3-1　后置扩张型导管速度云图

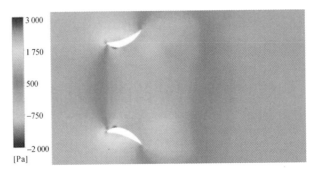

图 3-2 后置扩张型导管压力云图

目前国内外常见的涡轮机导管设计主要有翼型截面导管[144-145]、法兰导管[146-148]和薄壁导管[149-151]这三种。翼型截面导管具有较好的导流性能,但制造成本相对较高,而法兰导管及薄壁导管制造成本相对较低,但导流性能较差,本书选取翼型截面导管展开相关研究。

本书的翼型截面导管是基于 NACA0012 翼型而来的,选取翼型拱度(导管截面形状)和攻角(导管出口面积大小)作为导管设计参数。定义 f 为相对拱度百分比(局部拱度除以最大厚度),初始 NACA0012 相对拱度为 0,即 $f=0$。在此基础上可得到 $f=0.25,0.50,0.75$ 的翼型截面,如图 3-3(a)所示。同时定义 α 为导管攻角,即导管截面绕下缘喉部处按逆时针旋转的角度。在后续分析中,为了方便区分具有不同 f 和 α 的导管,采用"$f=x-x$"来表示。例如,"$f=0.25-10$"代表相对拱度为 0.25 和攻角为 $10°$ 的导管。

四种导管翼型的 C_L、C_D 分别如图 3-3(b)(c)所示,可以明显看到翼型拱度对水动力性能的影响,当 α 不变时,C_L 随 f 的增大而增大,而 C_D 变化不大,尤其是 α 介于 $0°\sim10°$ 时。翼型截面导管轴向长度设置为 $0.5D$,叶轮和导管之间的相对轴位置为喉部处的 $0.15D$。叶轮与导管的叶尖间隙设置为 $5\ \text{mm}(0.01D)$。

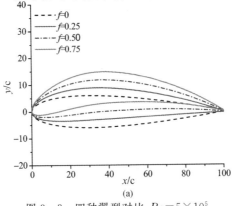

(a)

图 3-3 四种翼型对比,$Re=5\times10^5$

(a)四种翼型截面

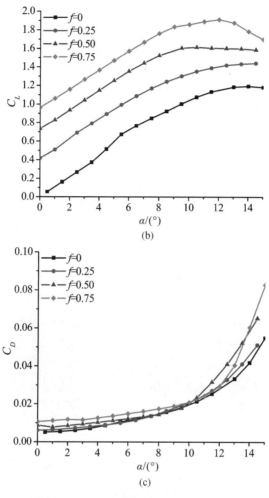

续图 3-3　四种翼型对比，$Re=5\times10^5$

（b）升力系数；（c）阻力系数

3.2　导管参数对水动力特性的影响

　　本章的模型计算域统一设置为外边界直径大小为 $6D$，涡轮机中心至入口处的距离为 $3D$、至出口处的距离为 $6D$ 的圆柱形计算域。将计算域划分为旋转动域和静止域，动域为包裹住叶轮转子的小圆柱体。边界入口和出口处分别采用速度入口和自由流出，叶轮及导管边界面均采用无滑移壁面条件，计算域外边界采用自由滑移面条件。采用四面体非结构网格划分，对近壁区和旋转动域网格进行加密，同时在壁面边界处划分边界层网格,按照 $Y^+=1$ 设定转子边界层第一层网格高度,$Y^+=10$ 设定导管边界层第一层高度。对计算模型进行网格无关性验证,以流速为 2 m/s、转速为 230 r/min 为例,对模型不同网格数的 C_P、C_{TR} 计算值进行对比,计算结果如表 3-1 所示。

表 3-1 网格无关性验证(一)

网格数/万	C_P	C_{TR}
500	0.563 3	0.824 3
800	0.563 8	0.823 2
1 000	0.564 7	0.823 9

网格数超过 500 万后,C_P、C_{TR} 值基本没有太大变化。最终划分的网格总数为 800 万左右,其中转子、导管、旋转动域为 500 万,静域网格数大约为 300 万。导管涡轮机局部面网格及边界层体网格划分如图 3-4 所示。

图 3-4 导管涡轮机局部面网格及边界层体网格

在 $U_0=2$ m/s 下,12 个导管涡轮机($f=0$、0.25、0.50、0.75,$\alpha=0°$、$6°$、$10°$)的 C_P、C_{TR} 和 TSR 之间的关系如图 3-5 所示。可以看到每个导管涡轮机的 C_{TR} 值都随 TSR 先增大而后略有减小。这 12 个导管涡轮机中,部分 C_P 超过裸涡轮机 C_P,而部分低于裸涡轮机 C_P。这也进一步说明了导管的设计参数对涡轮机能量提取能力的重要性。而随着导管拱度及攻角的增加,涡轮机的 C_P 和 C_{TR} 都得到了提升。

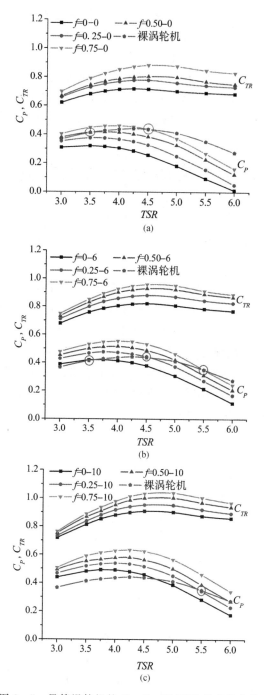

图 3 - 5　导管涡轮机的 C_P、C_{TR} 随 TSR 的变化曲线

（a）$f = x - 0$;（b）$f = x - 6$;（c）$f = x - 10$

当攻角保持不变时，C_P 和 C_{TR} 在全 TSR 范围内随拱度的增加而增加，当拱度保持不变时，也会出现相同的模式。此外，导管的拱度及攻角的改变都将影响涡轮机的 C_P 和 C_{TR} 曲线的变化，每种工况下的 C_{TR} 和 C_P 的最大值所对应的 TSR 也不同，攻角对涡轮机水动力性能的影响比拱度的影响更大。翼型截面导管的出口尺寸是涡轮机设计时应考虑的主要因素。在设计翼型截面导管时，应该综合考虑拱度及攻角对涡轮机功率的提升和流动分离及推力带来的影响[152-153]。

3.3 导管与叶轮相互作用的定量分析标准

3.3.1 广义制动盘理论

加装了导管后的涡轮机的水动力性能将发生一定的改变，与经典动量理论的获能行为有所不同，本节将对广义制动盘理论（the generalized actuator disc theory）进行阐述，为本章奠定相关理论基础。广义制动盘理论[154-155]由 Jamieson 提出，该理论在经典动量理论的基础上做出改进，提出了考虑局部阻塞效应的制动盘能量提取表达形式，即带导管的动量理论。同样地，将水平轴叶轮看成一个制动盘，盘面被一个导管包围，如图 3-6 所示。定义 $f(a)$ 为下游远场轴向诱导因子，上游和下游仍然满足伯努利方程，即

$$p_0 + \frac{1}{2}\rho U_0^2 = p_{d+} + \frac{1}{2}\rho U_0^2 (1-a)^2 \qquad (3-1)$$

$$p_{d-} + \frac{1}{2}\rho U_0^2 (1-a)^2 = p_0 + \frac{1}{2}\rho U_0^2 \left[1-f(a)\right]^2 \qquad (3-2)$$

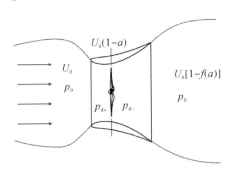

图 3-6 导管制动盘示意图

盘面两侧的压力差为

$$\Delta p = p_{d+} - p_{d-} \tag{3-3}$$

压力差与轴向推力系数的关系为

$$\Delta p A = \frac{1}{2}\rho A C_{TR} U_0^2 \tag{3-4}$$

联立式(3-1)、式(3-2)、式(3-4)得到

$$C_{TR} = 2f(a) - f(a)^2 \tag{3-5}$$

现对未知量 $f(a)$ 做出几点判断：①整个制动盘系统发生了能量的转换,因此下游远场速度必定小于制动盘周边速度,即 $f(a) > 0$。②基于只考虑系统连续性的情况下,则制动盘下游必须有一处参考平面 A_{ref} 满足其轴向诱导因子为下游远场的一半,即 $f(a)/2$。

由流动时的质量守恒得到

$$\rho A U_0(1-a) = \rho A_{ref} U_0 \left[1 - \frac{f(a)}{2}\right] \tag{3-6}$$

若系统没有发生能量转换,即锁定制动盘, $f(a) = 0$,定义此时盘面轴向诱导因子为 a_d,则式(3-6)改写为

$$\rho A U_0(1-a_d) = \rho A_{ref} U_0 \tag{3-7}$$

联立式(3-6)和式(3-7),得到

$$f(a) = 2\left(\frac{a-a_d}{1-a_d}\right) \tag{3-8}$$

将 $f(a)$ 代入式(3-5),得到

$$C_{TR} = \frac{4(a-a_d)(1-a)}{(1-a_d)^2} \tag{3-9}$$

由 $C_P = C_{TR} U_0 (1-a)$,进而得到

$$C_P = \frac{4(a-a_d)(1-a)^2}{(1-a_d)^2} \tag{3-10}$$

对 C_P 中 a 进行求导得到当 $a = (1+2a_d)/3$ 时, C_P 有最大值 $16(1-a_d)/27$,将这个最大值代入式(3-9)中,得到所对应的 C_{TR} 为 $8/9$。

现对理想的带导管的制动盘系统进行轴向受力拆分,系统轴向合力 F_{Total} 为

$$F_{Total} = \frac{1}{2}\rho A U_0^2 \left[\frac{4(a-a_d)(1-a)}{(1-a_d)}\right] \tag{3-11}$$

单独叶轮轴向受力为

$$F = \frac{1}{2}\rho A U_0^2 \left[\frac{4(a-a_d)(1-a)}{(1-a_d)^2}\right] \tag{3-12}$$

联立式(3-11)和式(3-12)得到单独导管轴向受力与叶轮受力的关系：

$$F_d = F_{Total} - F = -a_d F \tag{3-13}$$

至此,可以得出三个主要结论：①导管涡轮机的极限获能 $C_P = 16(1-a_d)/27$,

a_d 为单独导管的轴向诱导因子。②极限 C_P 所对应的轴向推力系数与涡轮机是否安装了导管无关,该值为一个恒定值:8/9。③通过对导管涡轮机各部件进行拆分,得到单独导管所受轴向推力与对应的轴向诱导因子有关,其理论值为 $-a_d F$。当然,在实际情况下,由于导管为中心的对称环形结构,前缘与后缘的绕流情况不一样,可能产生一个额外的推力,作用力将大于 $a_d F$。表 3-2 给出了经典动量理论与广义制动盘理论的对比。广义制动盘理论为本书 3.3.2 节提出衡量导管与叶轮相互作用的定量分析参考标准和临界诱导因子奠定了理论基础。

表 3-2 经典动量理论与广义制动盘理论的对比

参 数	经典动量理论 (开放流)	广义制动盘理论 (约束流)
上游来流速度	U_0	U_0
盘面速度	$U_0(1-a)$	$U_0(1-a)$
下游远场速度	$U_0(1-2a)$	$U_0[(1-2a+a_d)/(1-a_d)]$
功率系数	$4a(1-a^2)$	$[4a(a-a_d)(1-a^2)]/(1-a_d)^2$
推力系数	$4a(1-a)$	$[4(a-a_d)(1-a)]/(1-a_d)^2$
极限功率系数	$16/27$	$16(1-a_d)/27$
极限功率系数所对应的轴向诱导因子	$1/3$	$(1+2a_d)/3$
远场轴向诱导因子	$2/3$	$2/3$
极限功率系数所对应的推力系数	$8/9$	$8/9$

3.3.2 相互作用定量分析标准

参考广义制动盘理论,导管涡轮机各部件的相互作用关系可由分解形式来表达。导管涡轮机各部件的轴向诱导因子的关系式如下式:

$$a = a_t + a_d + a_i \tag{3-14}$$

式中:a 为导管涡轮机轴向诱导因子;a_t 为裸涡轮机轴向诱导因子;a_d 为导管轴向诱导因子;a_i 为导管与叶轮的相互作用因子。轴向诱导因子的计算按照式(2-28),其中 a 和 a_t 的盘面速度取临近叶轮前后两面的平均轴向速度[156],a_d 的盘面速度取轴向喉部叶轮处(0.15D)的轴向速度。

图 3-7 为 12 个导管在 $U_0 = 2$ m/s 下的轴向诱导因子。可以看到所有的 a_d 均为负值,这说明导管喉部处的速度相比外流场是提高的。当攻角保持恒定时,a_d 随着拱度的增加而增加。同样地,当拱度保持不变时,a_d 随着攻角的增加而增加。这里需要指出的是,当攻角进一步加大时,导管必然会出现一定的流动分离和失速

现象,导管内外流动情况将发生改变,此时 a_d 将不随攻角的增加而进一步增大,尽管此时的大攻角导管涡轮机的能量提取能力仍然会有所提升[157-158]。因此,当导管截面形状不变且随着攻角的不断增加,存在一个最佳攻角使得 a_d 达到最大绝对值。

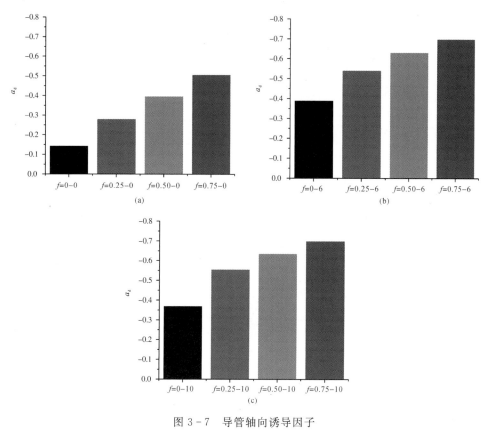

图 3-7　导管轴向诱导因子

(a) $f=x-0$;(b) $f=x-6$;(c) $f=x-10$

导管涡轮机轴向相互作用因子 a_i 和 a_d+a_i 随 TSR 的变化如图 3-8 所示。可以看出,随着导管拱度及攻角的增加,相互作用因子 a_i 增大。此外,12 个导管涡轮机的 a_d+a_i 随 TSR 变化呈现出不同的趋势,这与导管涡轮机的能量提取能力有着紧密联系。为了说明此问题,回顾图 3-5 中相应的导管涡轮机与裸涡轮 C_P 曲线之间的近似交点(圆圈),图中共有 6 个交点被分为三组,如表 3-3 所示。同一组在相同 TSR 下所对应的 a_d+a_i 值很接近。因此有理由相信,对于水平轴导管涡轮机存在一系列的临界诱导因子(a_c),即当裸涡轮机和导管涡轮机在相应 TSR 下具有相同 C_P 时所对应的 a_d+a_i 值。至此得到一个重要结论:只有在相应的 TSR 时,存在 $a_d+a_i<a_c$ 的情况下,导管才能提升涡轮机的能量提取效率。同

时,还可以看出,当 $a_d + a_i$ 值足够的"负"时(至少小于零),意味着导管涡轮机具有较高的能量提取效率。

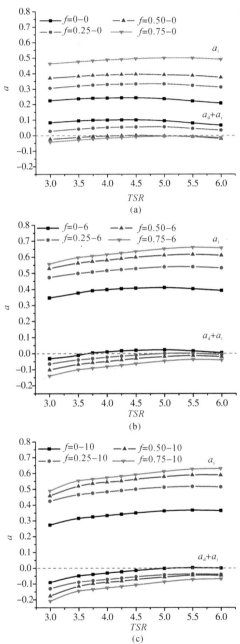

图 3-8 导管涡轮机的 a_i、$a_d + a_i$ 随 TSR 变化曲线

(a) $f = x - 0$;(b) $f = x - 6$;(c) $f = x - 10$

表 3 - 3　三组导管涡轮机 $a_i + a_d$ 对比

导管涡轮机	TSR	导管涡轮机 C_P	裸涡轮机 C_P	对应的 $a_i + a_d$
$f = 0.50 - 0$	3.5	0.414 5	0.412 7	$-0.012\ 10$
$f = 0 - 6$	3.5	0.418 8	0.412 7	$-0.010\ 79$
$f = 0.75 - 0$	4.5	0.437 4	0.436 7	$-0.008\ 78$
$f = 0.25 - 6$	4.5	0.442 7	0.436 7	$-0.010\ 10$
$f = 0.75 - 6$	5.5	0.350 8	0.350 9	$-0.037\ 09$
$f = 0.25 - 10$	5.5	0.344 3	0.350 9	$-0.037\ 21$

3.4　样机水池试验

3.4.1　水池试验

样机水池试验是国内外开展涡轮机研究的主要手段之一,在本章前几节的基础上,按照 $f = 1.0 - 11$ 的导管对全尺寸涡轮样机进行了加工制作。对输出功率的测试是本试验的核心内容,一般而言,涡轮机功率测试主要有两种方法:一是通过连接发电机直接测试涡轮机的发电功率,该方法对发电机匹配要求较高,但更接近工程实际情况;二是通过连接扭矩仪和转速仪测试扭矩和转速,计算得到涡轮机的输出功率,该方法对试验配套设置要求较高,适用于实验室条件下进行。本试验采用连接电机直接测量的方式对导管涡轮样机及裸涡轮样机进行测试。整个发电测试装置主要由电机、叶轮、导管、浮管、连接机构、功率仪、频率仪、电阻箱等部分组成。发电机为一台微型永磁同步交流电机,最大输出功率为 1 500 W,磁极对数为5,发电效率约为 75%。叶轮采用铝合金数控切削制造,具有轻量、比强度高、加工成型性好和一定的耐腐蚀性能,如图 3 - 9 所示。导管采用钢铸后再精细打磨加工,如图 3 - 10 所示。

图 3 - 9　叶轮

图 3 - 10　导管

为了保证试验装置运行过程中的稳定性,采用了一系列精心的策略:对装置进行重量评估,采用双浮力管设置,每根长度为 2.8 m,能提供约 200 kg 的浮力,当装置放置于水中时,水面刚好位于浮管轴向中心线上;在浮管末端设置两个垂直尾翼以保证装置拖拽过程中不易发生偏转;选择匹配度较高的发电机直接与叶轮连接,无须额外的变速箱设备,电机轴由 O 形密封件密封,处于较低的摩擦水平下;电机整流罩采用锐角流线型设计并由三个轴向面积很小的刀状支柱支撑连接导管内侧区域,所有支撑件均满足强度要求,且基本不会对流场造成干扰;涡轮机安装于浮管中间合适的位置以保证装置整体重心位于中心之下。试验装置示意图如图3-11和图 3-12 所示。

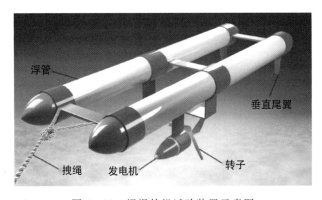

图 3-11　裸涡轮机试验装置示意图

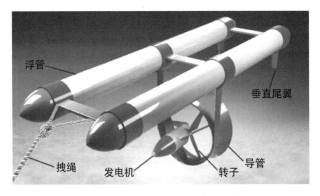

图 3-12　导管涡轮机试验装置示意图

测试水池为一个长 40 m、宽 4 m、深 3 m 的露天水池,叶轮扫掠面积与水池横截面积之比为 0.016 4,当阻塞比小于 0.25 时可以认为水池试验的结果与相应的实际海况是相同的,不用进行阻塞修正[159]。对试验装置进行拖曳水池测试时,先将装置置于水池起始端,用拖绳连接装置和水池另一端的牵引机,并设置五种不同的牵引速度。启动牵引机后,装置就会被拖拽移动并逐步达到稳定运行状态,以此测试得到不同流速下的输出功率。试验包括导管涡轮样机和裸涡轮样机的测试,首先测试导管涡轮样机,之后将导管拆除并替换支撑装置(其余设置保持不变)继续测试裸涡轮机。电机轴设置在水面下 1 m 处的位置,为了验证该位置对装置输出功率的影响,对水面下 2 m 的情况也进行了测试,发现装置的输出功率并未受到任何影响。

本次试验以电机输出功率和转动频率为主要测试目标,以牵引速度和电阻阻值为控制参数。在试验过程中,取装置运行至水池中部的数据作为目标采集数据。通过调整电阻箱阻值来寻找最大输出功率,通过功率仪读取电机的输出功率,通过频率仪读取电机的转动频率,进而与 CFD 计算结果进行对比。为了在不同拖曳速度下找到最大输出功率,每一轮试验都必须重复数次。电阻箱的电阻值越大,电机的负载越小;反之,电阻箱的电阻值越小,电机的负载就越大。每次测试时,电机负载先增加,然后再调低,以防止超负荷发生。每轮测试调整并找到合适的电阻阻值,使得电机的输出功率达到最大值。

叶轮的转速与电机频率的关系由下式计算得到

$$n = \frac{60f}{p} \tag{3-15}$$

式中:n 为电机转速;f 为电机转动频率;p 为电机磁极对数。装置的真实输出功率与电机实测功率的关系由下式计算得到

$$P_A = \frac{P_G}{\eta_G} \tag{3-16}$$

式中:P_A 为真实输出功率;P_G 为电机输出功率;η_G 为电机效率。

试验和 CFD 计算结果的对比结果如图 3-13 所示,可以看出两者的吻合度较好。两组数据存在一定的误差,误差原因来自多方面:CFD 计算模型是基于理想的不可压缩流体有限体积法进行的,而实际情况下的水为具有黏性的可压缩介质;为了减少计算成本,仅考虑叶轮和导管的水动力性能,涡轮样机在水池中运行时还会受到一些来自浮管和电机自身绕流的影响;试验样机虽然以恒定速度在水池中运行,但拖曳速度受环境及牵引机的影响存在一定的偏差;交流发电机在工作时,发电效率也将存在微小的波动;等等。上述因素共同作用导致计算值与试验值存在误差。裸涡轮机在五种拖曳速度下 CFD 的平均偏差为 5.4%,最大偏差为 8.1%;导管涡轮机在五种拖曳速度下 CFD 的平均偏差为 5.8%,最大偏差为 8.0%。此外,两种涡轮样机的实测转速均随拖曳速度的增加而增加,相应的 TSR 也随之增大。

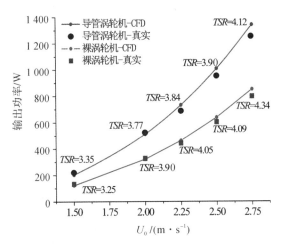

图 3 - 13　试验与 CFD 对比结果

导管涡轮样机在五种拖曳速度下的真实 C_P 介于 0.62～0.66,裸涡轮样机的真实 C_P 介于 0.39～0.41。值得一提的是,尽管这里的导管涡轮样机的真实 C_P 超出了贝茨极限值(0.593),但这并不意味着真正突破了理论极限。贝茨极限仅适用于开放式的裸涡轮机,根据 Scherillo 等人的结论[160],若将导管的出口面积作为参考面积,则 C_P 将明显减小。例如,导管涡轮样机在 2 m/s 时的 C_P 仅为 0.383,相比同流速下的裸涡轮机的 C_P 反而下降 7.93%。尽管如此,CFD 和试验结果均表明导管涡轮机的输出功率相比裸涡轮机确实得到了显著的提升。

3.4.2　性能分析

两种涡轮样机在 $U_0 = 2$ m/s 下的 C_P、C_{TR}、C_{TD} 随 TSR 变化曲线如图 3 - 14 所示。可以看出,两者 C_P 的最佳 TSR 都为 4.25,均适合在较低尖速比工况下运行。导管涡轮机最大 C_P 值为 0.66,在 TSR 介于 3.5～4.75 时,C_P 高于 0.6。当 TSR 介于 3.0～5.0 时,C_P 值逐渐增大之后略微下降。相比裸涡轮机在 TSR = 4.25 时提升 51%,在全 TSR 范围内平均提升 45%。此外,导管的推力系数(C_{TD})随着 TSR 的增加而减小,这和导管螺旋桨具有相同的趋势[161-162]。值得一提的是,像本书所采用的导管和叶轮匹配度较高(导管涡轮机和相应的裸涡轮机在设计工况下的最佳 C_P 范围较为接近)的涡轮机有个好处:可以根据潮流情况和发电需求及时对涡轮机进行加装或拆卸导管,而无须调整变速箱或更换发电机。

导管轴向推力系数定义为

$$C_{TD} = \frac{T_D}{0.5\rho A U_0^2} \qquad (3-17)$$

式中：T_D 为导管轴向推力。

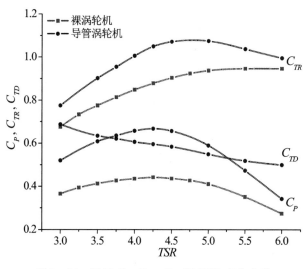

图 3 - 14　样机 C_P、C_{TR}、C_{TD} 随 TSR 变化曲线

　　图 3 - 15（见插页彩图 3 - 15）为导管涡轮机叶片在径向上不同截面位置处的湍动能分布情况。可以看出：越靠近叶尖位置湍动能越强，三种截面位置处的湍动能分布形式基本一致，高湍动能均处于叶片背流面后缘位置处。图 3 - 16（见插页彩图 3 - 16）为导管涡轮机叶片在径向上不同截面位置处的压力分布情况。相似的，越靠近叶尖位置压力越高，叶片迎流面呈现正压，背流面呈现负压。正是由于叶片两侧存在的压差提供了叶轮切向旋转动力，由图可见靠近叶尖处的叶片为主要动力来源，叶根处对叶轮旋转动力贡献较小。

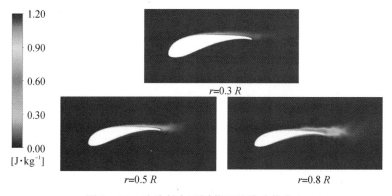

图 3 - 15　叶片径向不同截面处湍动能分布

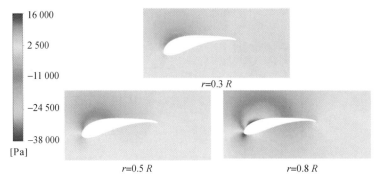

图 3-16　叶片径向不同截面处压力分布

图 3-17(见插页彩图 3-17)为导管涡轮机叶轮在两种 TSR 下的压力分布，可以看出来流作用于叶轮正面，表现为正压，而叶轮背面由于挡水效应，表现为负压。当叶轮 TSR 增大后，相应的迎流面由叶尖附近受高压向叶片中部受高压发展，而背流面的负压也从叶尖附近向叶片中部发展，叶片两侧的压差及范围变大[163]，这对叶片受力将产生不利的影响。因此，这也进一步说明了低尖速比叶轮在减少疲劳风险上的优势。

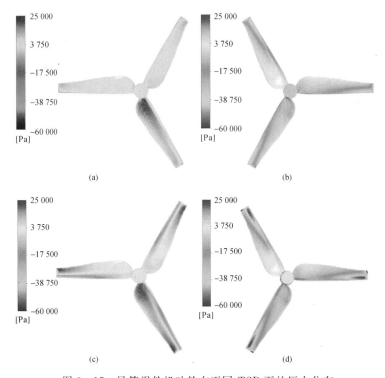

图 3-17　导管涡轮机叶轮在不同 TSR 下的压力分布

(a) TSR＝3.77 正压面；(b) TSR＝3.77 负压面；(c) TSR＝6.0 正压面；(d) TSR＝6.0 负压面

3.5 特种导管涡轮机设计

本节在前几节的基础上对两种特种导管涡轮机进行了设计和水动力特性分析。

3.5.1 攻角可变式多导管组涡轮机

为了研究多导管组涡轮机水动力性能的影响,对四种轴向放置位置,三种附属导管攻角的多导管组涡轮机进行了分析。导管截面采用 $f = 1.0 - 11$ 设定(如图 3-18 所示),保持叶轮与导管的相对安装配置不变,在该导管后端内外两侧分别再安放四个附属导管,安放示意图如图 3-19(附属导管 0° 攻角)所示。其中方案 1 和方案 2 为附属大导管,其喉部直径比为 1.267,方案 3 和方案 4 为附属小导管,其喉部直径比为 0.796。附属导管的攻角以其最前缘端点为旋转中心进行调整。

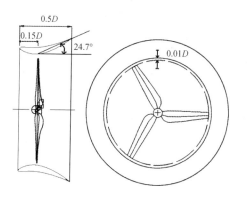

图 3-18 $f = 1.0 - 11$ 导管涡轮机示意图

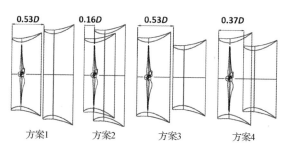

图 3-19 攻角可变式多导管组涡轮机示意图

图 3-20 为四种多导管组涡轮机在 $U_0 = 2$ m/s 下的 C_P、C_{TR} 随 TSR 的变化曲线。从图可以看出,方案 1 及方案 2 的 C_P、C_{TR} 在全 TSR 范围内比原导管涡轮机有较大提升,且随着附属导管攻角的增大而增大。其中,当方案 1 附属导管攻角为 0° 时,C_P 平均提升了 25.87%,C_{TR} 平均提升了 12.95%,平均每增加 5° 攻角,C_P值提升 11.9%,C_{TR} 提升 5.65%。当方案 2 附属导管攻角为 0° 时,C_P 平均提升了 21.48%,C_{TR} 平均提升了 10.36%,平均每增加 5° 攻角,C_P 提升 11.6%,C_{TR} 提升 6.36%,方案 1 对功率的提升要略好于方案 2。此外,两种附属大导管组涡轮机对 C_P 的最佳 TSR 有所影响。对于方案 1,最佳 TSR 从 4.25 移到 5.0 和 5.5,而方案 2 则移到了 4.75 和 5.0。对于方案 3 及方案 4 的附属小导管组涡轮机,C_P、C_{TR} 均相比原导管涡轮机有所下降,同时随着附属小导管攻角的增大,并未对水动力性能造成较大影响(尤其是方案 3)。由此可见,附属小导管组涡轮机不利于输出功率的提升。

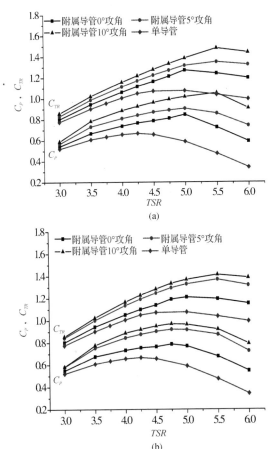

(a)

(b)

图 3-20 攻角可变式多导管组涡轮机 C_P、C_{TR} 随 TSR 变化曲线

(a) 方案 1;(b) 方案 2

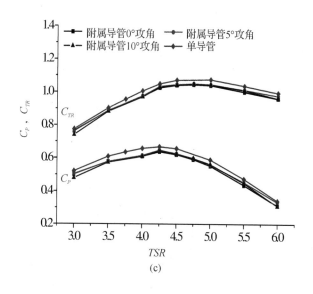

(c)

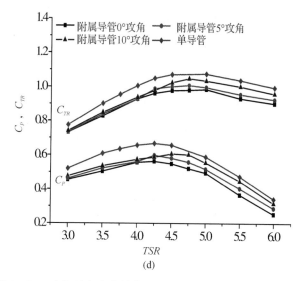

(d)

续图 3-20　攻角可变式多导管组涡轮机 C_P、C_{TR} 随 TSR 变化曲线

(c) 方案 3；(d) 方案 4

图 3-21(见插页彩图 3-21)为四种多导管组涡轮机在 $U_0=2$ m/s、$TSR=4.0$ 时的轴向速度分布。从图中可以清楚地看到方案 1 和方案 2 叶轮尾部的低速带相比方案 3 和方案 4 要宽广很多，表明其速度及压力梯度较大，这也同样解释了方案 1 和方案 2 的输出功率要高得多的原因。

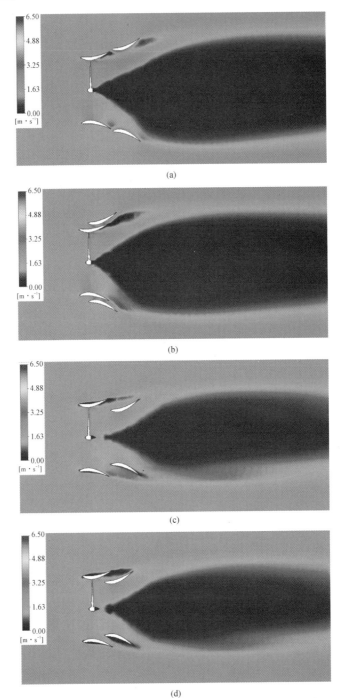

图 3-21　四种多导管组涡轮机的轴向速度分布(附属导管的攻角为 10°)

(a) 方案 1;(b) 方案 2;(c) 方案 3;(d) 方案 4

本书提出的攻角可变式多导管组涡轮机方案适用于那些平均流速相对较低的近海海域地区发电使用[164],如图 3-22 所示。各附属导管环形结构通过转动连接结构与前导管连接,在实际运行时可根据发电量需求调整附属结构的攻角。这里需要指出的是,当运用于流速较高的地区时,需对该方案的转动连接结构做进一步的加固和安全测试,以保证装置的运行安全性[165]。

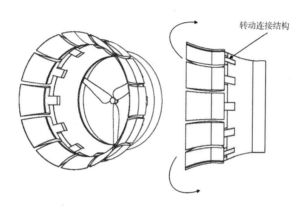

图 3-22　攻角可变式多导管组涡轮机方案

3.5.2　带内流道的组合式导管涡轮机

为了研究组合式导管涡轮机水动力性能的影响,同时突出流动分离情况对涡轮机的影响,对 $f=1.0-11$ 的导管做一定的调整以增大出口面积,仅将原导管的相对出口角度由 24.7° 提升到 37.5°,如图 3-23 所示。

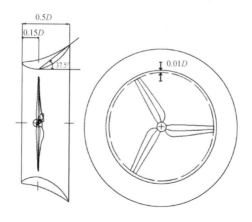

图 3-23　调整后的导管涡轮机示意图

将调整后的导管用流道拆分,以流道数、流道宽度、流道形状为影响因素对不同组合式导管涡轮机进行水动力性能分析,如图 3-24 所示。三组组合式导管以"双-直-4 mm 宽度流道"组合式导管为参照。其中组 1 和组 3 的流道宽度均为4 mm,组 3 中弯流道 2 比弯流道 1 的流道出口弯度要大。

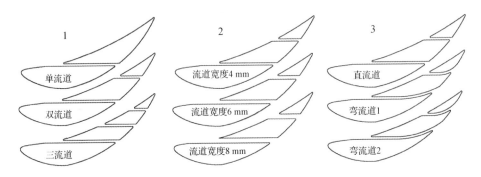

图 3-24　三组组合式导管示意图

图 3-25(a)为流道数影响下的导管涡轮机在 $U_0=2$ m/s 下的 C_P、C_{TR}、C_{TD} 随 TSR 变化曲线。可以看出,C_{TR} 与 C_P 在低 TSR 时(TSR=3.0~4.0)与原导管涡轮机很接近,而 C_{TD} 下降明显。当处于较高 TSR 时,C_P、C_{TR}、C_{TD} 与原导管涡轮机的差值随着 TSR 及流道数的增加而增大,总的来说,三流道的组合式导管效果最好。

图 3-25(b)为双流道不同流道宽度下的导管涡轮机在 $U_0=2$ m/s 下的 C_P、C_{TR}、C_{TD} 随 TSR 变化曲线。相似的,在低 TSR 时 C_{TR}、C_P 与原导管涡轮机较为接近,而当处于高 TSR 时,C_P、C_{TR}、C_{TD} 与原导管涡轮机的差值随着 TSR 及流道宽度的增加而增大。可以看出,流道宽度对组合式导管涡轮机水动力性能影响较大,在低 TSR 范围内 C_{TD} 下降十分明显,同时 C_{TR} 也有可观的下降,其中宽度为 8 mm 的组合式导管涡轮机效果最为明显。但不可否认的是,过大的流道宽度将导致导管涡轮机无法维持较高的输出功率。因此,流道宽度应选取合适范围,使得 C_P/C_{TD} 最大。

图 3-25(c)为双流道不同流道形状下的导管涡轮机在 $U_0=2$ m/s 下的 C_P、C_{TR}、C_{TD} 随 TSR 变化曲线。可以看出,直流道组合式导管涡轮机性能最好,在相同 TSR 下,两种不同弯度的组合式导管涡轮机的 C_{TD} 值均比原导管涡轮机的 C_{TD} 值有所增加,C_{TR} 基本保持不变。而 C_P 与原导管涡轮机的差值也随着 TSR 的增加而增大。因此,弯流道不利于减小系统的轴向推力。

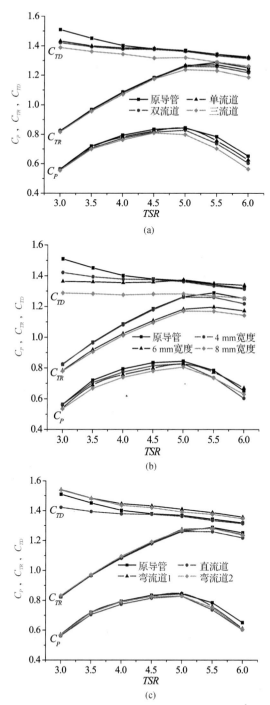

图 3-25　带内流道的组合式导管涡轮机 C_P、C_{TR}、C_{TD} 随 TSR 变化曲线

（a）流道数的影响；（b）流道宽度的影响；（c）流道形状的影响

表 3-4 总结了几种组合式导管涡轮机与原导管涡轮机在两种较低 TSR 下 C_P、C_{TR}、C_{TD} 的对比。可以看出,组合式导管涡轮机在该 TSR 范围内以牺牲较小的 C_P 换取 C_{TR} 和 C_{TD} 可观的下降,证明了其具有良好的减阻效果。

表 3-4　两种 TSR 下的 C_P、C_{TR}、C_{TD} 变化对比

参　数	变化率/(%)			
	4 mm 双直流道	4 mm 三直流道	8 mm 双直流道	4 mm 弯流道 1
C_P,$TSR=3.0$	−0.38	−1.68	−4.98	+1.31
C_P,$TSR=3.5$	−2.07	−3.03	−7.29	−0.20
C_{TR},$TSR=3.0$	−0.12	−0.80	−5.29	+0.73
C_{TR},$TSR=3.5$	−0.34	−1.26	−6.51	−0.02
C_{TD},$TSR=3.0$	−5.80	−8.00	−14.71	+2.09
C_{TD},$TSR=3.5$	−3.95	−6.11	−11.60	+2.21

图 3-26(见插页彩图 3-26)为四种导管涡轮机在 $TSR=3.0$ 时导管附近流线速度分布。从图中可以看出,四种导管附近流场呈现出不同的流迹演化过程,通过对比可以较为清晰地反映出组合式导管的导流、分流及抑制尾流分离的作用。其中图 3-26(a)与图 3-26(b)尾流流迹较为相似,在导管后缘内壁面附近均出现较大的低速区(流动分离),此时导管尾流速度不足,流迹过高,并伴随着一定的回流现象。Smith[166] 在描述飞机机翼的绕流现象中,将其定义为"off - the - surface pressure recovery"。类似地,在导管涡轮机中此类现象可被定义为"导管尾流延迟",而不是发生在导管壁面的流动分离。由于流动分离所导致的回流现象将会对结构稳定性产生一定的影响,严重时可能造成涡轮机振动加大,导致整个装置的疲劳损伤,最终影响运行安全性。

对比观察图 3-26(c)与图 3-26(d),可以发现尾流处的低速区范围明显减少,此处的流线较为平顺,只有小范围的回流现象。同时,一部分水流通过流道向下游传播并与尾流汇合,减小了导管前后端的压力差,此时水流与导管内壁面贴合度加大,未出现"导管尾流延迟"。因此,流道的导流、分流作用能有效抑制由于抽吸作用所产生的流动分离,固定尾流流迹[167]。通过对导流及分流机理的梳理,进一步佐证了组合式导管涡轮机在解决流动分离及轴向推力问题上的作用。

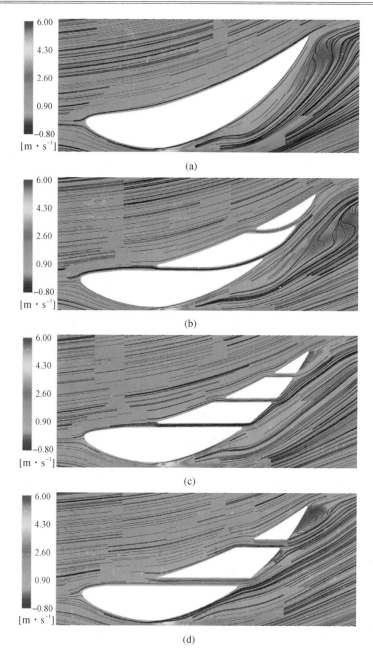

图 3 - 26　四种导管涡轮机导管附近流线速度图，$TSR=3.0$
(a)原导管；(b)弯流道 2；(c)三流道；(d)8 mm 流道

　　本书提出的带内流道的组合式导管涡轮机方案适合那些平均流速相对较高的海域发电使用[168-169]，如图 3 - 27 所示。各组合导管环块通过加固筋连接成整体，在实际运行时可根据变速箱等控速装置调整电机转速,保证涡轮机在合适的工况下运行。通过对上述两种特种导管涡轮机的性能分析可以看出,功率的提升与系统的减阻不可兼得,大功率的输出往往对应于大推力的存在。因此需根据实际情况综合选取上述两种方案。

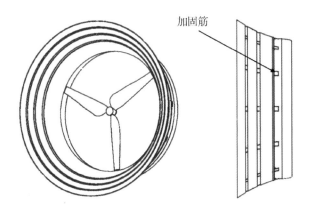

图 3-27　带内流道的组合式导管涡轮机方案

3.6　本 章 小 结

本章介绍了广义制动盘理论,并对导管涡轮机进行了数值模拟,讨论了导管设计参数对涡轮机水动力特性的影响,本章的主要结论如下:

(1)导管拱度和攻角对水动力性能影响很大。当攻角不变时,C_P、C_{TR}值在一定范围内随拱度的增大而增大,当拱度不变时,两者也随攻角的增大而增大。此外,拱度和攻角均能影响 C_P 曲线最佳 TSR 的位置,同时,攻角对水动力性能的影响比拱度大。

(2)导管的设计参数、导管与叶轮的相互作用与导管涡轮机的水动力性能具有明显的关联性,导管涡轮机的设计应始终考虑系统各部件的相互作用影响。基于广义制动盘理论并以 a_i 和 a_d+a_i 作为衡量导管与叶轮相互作用的定量分析参考标准,提出了临界诱导因子(a_c)的概念,且只有当 $a_d+a_i<a_c$ 时,导管才能提高涡轮机的能量提取效率。同时,当 a_i 和 a_d+a_i 在相应 TSR 的绝对值越大时,导管涡轮机的能量提取能力就越强。

(3)对导管涡轮样机和裸涡轮样机分别进行了拖曳水池试验。试验结果验证了数值模拟的可靠性,计算结果平均误差不超过 6%。

(4)针对潮流的不同流速特点及目标取向性,提出了两种特种导管涡轮机的方案。对于攻角可变式多导管组涡轮机方案,附属大导管能在全 TSR 范围内进一步提升涡轮机的 C_P、C_{TR} 值,且随着其攻角的增大,C_P、C_{TR} 值也将进一步增大,这也同样影响 C_P 曲线最佳 TSR 的位置,而附属小导管则不利于涡轮机的功率提升。对于带内流道的组合式导管涡轮机方案,该方案可在保证输出功率基本不变的前提下,在较低 TSR 范围内能显著减少导管的轴向推力。通过流道的导流、分流作用能减小导管前后端的压力差,加大水流与导管内壁面的贴合度,有效抑制由于抽吸作用所产生的流动分离,固定尾流流迹。在较高 TSR 范围内,组合式导管涡轮机的 C_P 与原系统的差值随着 TSR、流道数及流道宽度的增加而增大。在一定范围内,改变流道宽度比改变流道数对系统水动力性能的影响更为明显。对于流道形状而言,直流道的效果最好,而弯流道不利于减小系统的轴向推力和抑制流动分离。

第4章　复合叶片方案设计

如前文所述,潮流能涡轮机在实际海洋环境中运行时,叶片将受到多种载荷的影响。此外,由于海水是一种天然的强电解质,其平均盐度约为 3.5%（质量分数)[170],这使得海水对大多数合金(如钢、铝合金、铜合金等)具有高度腐蚀性,因为高浓度的氯离子会阻止金属钝化[171]。而且,由于合金在盐水环境中的腐蚀速率很高,进一步说,如果该环境腐蚀因素与机械疲劳载荷共同作用,将大大缩短合金结构的寿命。复合材料具有优异的综合性能,在涡轮机材料的应用上具有很好的前景,但存在刚度不足的问题,而合金刚度高,承载能力强。基于合金和复合材料各自的特性,本章对一种应用于海洋环境下的涡轮机多层复合材料叶片进行试验研究,探索同时具备承载能力、阻裂效果和防腐效果的叶片技术方案的可行性。在目前众多的复合材料中,新型高分子复合材料在制造业、能源产业和环境保护等方面发挥着不可替代的作用。经过前期大量的资料调研,最终选择纳米碳酸钙改性聚丙烯作为目标复合材料。该种材料是在聚丙烯基体上进行纳米颗粒填充改性而得到的一种轻质、耐腐蚀、高韧性、综合力学性能优异的高分子复合材料,在众多领域均具有良好的应用前景[172]。本章对该种材料应用于潮流能导管涡轮机叶片进行相关性能的测试和分析。

4.1　抗拉性能与延展特性

将纳米碳酸钙改性聚丙烯材料加工成单向拉伸长方体试件,并将试件置于拉伸试验机上。试件总长度为 200 mm,除去夹具部分的测试长度为 125 mm,宽度为 20 mm,厚度为 8 mm。图 4-1 为四种拉伸速率下纳米碳酸钙改性聚丙烯与文献中纯聚丙烯[173-176]的工程应力-应变曲线结果对比。工程应力与工程应变的计算公式如下:

$$\sigma = \frac{F}{b \times d} \tag{4-1}$$

式中:σ 为工程应力;F 为拉伸载荷;b 为试件原始宽度;d 为试件原始厚度。

$$\varepsilon = \frac{L - L_0}{L_0} \tag{4-2}$$

式中:ε 为工程应变;L_0 为试件初始测试长度;L 为试件变形后长度。

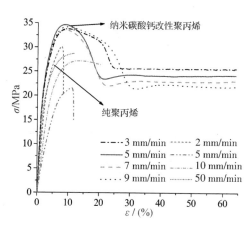

图 4-1　纳米碳酸钙改性聚丙烯与纯聚丙烯应力-应变响应对比

可以看出,纳米碳酸钙改性聚丙烯在整个拉伸过程中主要分为线弹性阶段、屈服阶段、软化颈缩阶段和应力稳定阶段[177]。其中,纳米碳酸钙改性聚丙烯与纯聚丙烯在前两个阶段的应力-应变行为较为相似:线弹性阶段中应力与应变呈线性正比关系,聚丙烯在拉伸过程中仅发生内部分子链键长和键角的改变,分子结构并未发生改变,若此时卸载,试件可以恢复至原状,四种拉伸速率对纳米碳酸钙改性聚丙烯在弹性阶段的应力-应变响应没有影响。屈服阶段中两种聚丙烯随着应变量的增大,应力增幅逐渐变缓,并最终达到峰值应力。通过对比可以发现纳米碳酸钙改性聚丙烯具有更高的峰值应力。同时,试件在达到峰值应力之前,四种拉伸速率依然对应力-应变响应没有影响。随着外载荷的增大,材料内部发生分子链段的直接运动,由于克服运动位垒需要大量的能量,此时应力水平达到最高值。值得一提的是,在该阶段纳米碳酸钙改性聚丙烯将出现应力发白现象,该现象往往与材料的分子结构、链段长度、结晶度及填充物等有关[178-180]。在应力的作用下,结构内部将出现很多微裂纹和微孔洞,改变了材料原有的趋光性而呈现不透明的乳白色。当达到峰值应力后,两种聚丙烯材料的应力-应变响应存在较大差异,纳米碳酸钙改性聚丙烯试件中部出现颈缩软化,且随着变形量的增加,颈缩范围将进一步增大,而纯聚丙烯此时将发生断裂,无法继续延伸下去。随着纳米碳酸钙改性聚丙烯试件不断被拉伸延展,颈缩部分继续扩大,此时应力值基本不随变形量的增大而改变。四种拉伸速率下试件的截面收缩率基本保持一致,最终试件变形量超过300%后仍不会断裂,且拉伸速率越快应力稳定值越小。

纳米碳酸钙改性聚丙烯试件在 5 mm/min 拉伸速率下各变形量的对比如图 4-2所示。对原试件(a)、16％变形量试件(b)、40％变形量试件(c)及 300％变形量试件(d)中部表面微观形貌特征进行扫描电镜(SEM)分析。

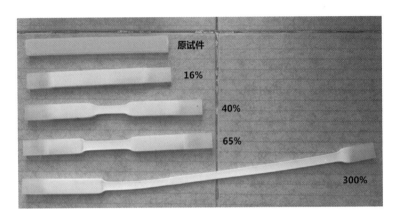

图 4-2　不同变形量的试件

图 4-3 为所对应的四个试件的表面电镜扫描形貌图。从图中可以看出：a 区域表面十分光滑,不存在任何由于外载荷引起的结构变化特征,所对应的原试件宏观特性为白色半透明固体;b 区域表面出现了沿拉伸方向产生的纹理,同时存在一定的材料基体凸起,所对应的 16％变形量试件的受拉部分全部产生应力发白现象;c 区域的表面的纹理出现了一定的皱褶,与 b 区域不同的是这些皱褶在变形的作用下已经变得不连续,所对应的 40％变形量试件中部出现明显的颈缩细化;d 区域的形貌与 b、c 两处存在明显差异,表面呈现出一些大的纵向凸起的纹理,纹理与纹理之间还存在一些微基体的脱落和皱褶的滑移,所对应的 300％变形量试件的颈缩部分占比已超过 75％。此外,四个区域均可以看到一些纳米碳酸钙小亮点颗粒。这些小颗粒均匀地分布在聚丙烯基体中并得到了有效的细化与分散,这对基体的抗拉性能及抗断裂性能起到了至关重要的作用。当受到外载荷时,这些颗粒在一定程度上抑制了分子链段的滑移,提升了基体的抗拉强度。同时,由于颗粒尺度达到纳米级别,产生了小尺寸效应和表面效应,在外载荷的作用下颗粒周围将产生应力集中,促使基体在变形方向上产生皱褶与纹理,以此来吸收外部能量[181-182]。

综上所述,纳米碳酸钙改性聚丙烯具有较高的峰值应力、良好的应力-应变稳定性和优异的延展特性,当承受较大的变形量时也不会发生断裂。

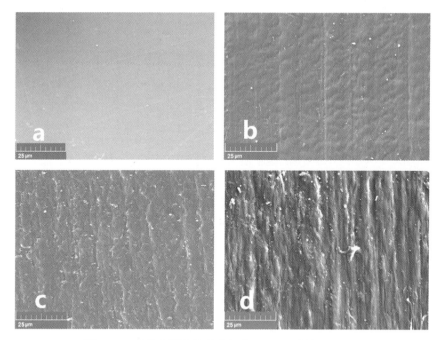

图 4 - 3　四种变形量试件中部表面 SEM 形貌(25 μm)

4.2　抗疲劳性能与阻裂特性

4.2.1　裂纹扩展的相关理论

任何材料构件在实际运用过程中,其内部或表面总会出现各种各样的缺陷,这些缺陷不仅和构件的初始状态有关,还和外部环境载荷等因素有关,对构件的刚度、强度有重要影响,诸如塑性破坏、脆性破坏、疲劳损伤、蠕变损伤等的发生都与之有密切的关系。相关理论的研究起源于 20 世纪 20 年代,目前仍在不断地完善和扩充。Griffith[183]最早从材料内部微观缺陷的角度出发,得出了材料的失效是由于其内部组织缺陷而引发微裂纹扩展和产生缺陷应力集中所导致的结论。同时,Griffith 提出了含裂纹的材料在发生断裂时的应力表达式:

$$\sigma = \sqrt{\frac{2E\gamma}{\pi a\left(1-\nu^2\right)}} \tag{4-3}$$

式中:E 为弹性模量;γ 为单位表面能;a 为裂纹长度;ν 为泊松比。

Griffith 的理论开启了相关研究领域的先河,但该理论并不能够完全解释材料的断裂强度问题。此后,Orowan[184] 和 Irwin[185] 在 Griffith 理论的基础上引入了裂纹尖端扩展塑性功的概念。他们通过显微观察手段也证实了裂纹表面的塑性流动现象,同时提出了表征临界断裂应力的表达式:

$$\sigma = \sqrt{\frac{2E\gamma + E\gamma_P}{\pi a}} \tag{4-4}$$

式中:γ_P 为裂纹尖端单位扩展塑性功。

虽然引入了裂纹尖端扩展塑性功的概念,但仍然缺少一种能够定量表征构件疲劳裂纹扩展的表达方式。大量的工程断裂事故最终都是由裂纹扩展引起的,而扩展速率又是决定构件疲劳裂纹扩展的重要表征参量。20 世纪 60 年代,Paris[186-187] 基于线弹性理论建立了疲劳裂纹扩展速率(da/dN)与应力强度因子幅度(ΔK)之间的关系,即在不同载荷、不同几何尺寸、不同应力比等条件下的疲劳裂纹扩展规律的 Paris 公式:

$$\left.\begin{aligned}\frac{da}{dN} &= C\,(\Delta K)^m \\ \Delta K &= Y\Delta\sigma\sqrt{\pi a}\end{aligned}\right\} \tag{4-5}$$

式中:ΔK 和 N 分别表示应力强度因子幅度和循环次数;C 和 m 是材料常数;Y 为形状因子;$\Delta\sigma$ 为应力范围。

裂纹按照几何特征可分为表面裂纹、穿透裂纹、深埋裂纹。按照力学特征可分为 Ⅰ 型裂纹、Ⅱ 型裂纹、Ⅲ 型裂纹,如图 4-4 所示,工程中一般也按此分类。其中 Ⅰ 型裂纹往往是最危险的裂纹,也是国内外学者长期关注的重点,本章将对纳米碳酸钙改性聚丙烯复合材料的 Ⅰ 型裂纹扩展行为进行研究。

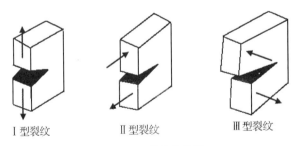

Ⅰ 型裂纹   Ⅱ 型裂纹   Ⅲ 型裂纹

图 4-4 裂纹的分类

基于线弹性理论的基本公式,Ⅰ 型裂纹尖端附近区域任一点 $A(r,\theta)$ 的应力、应变、位移分量为

$$\sigma_x = \frac{K_1}{\sqrt{2\pi r}}\cos\frac{\theta}{2}\left[1 - \sin\frac{\theta}{2}\sin\frac{3\theta}{2}\right] \tag{4-6}$$

$$\sigma_y = \frac{K_1}{\sqrt{2\pi r}} \cos \frac{\theta}{2} \left[1 + \sin \frac{\theta}{2} \sin \frac{3\theta}{2} \right] \tag{4-7}$$

$$\tau_{xy} = \frac{K_1}{\sqrt{2\pi r}} \sin \frac{\theta}{2} \cos \frac{\theta}{2} \cos \frac{3\theta}{2} \tag{4-8}$$

$$\varepsilon_x = \frac{1}{2\mu(1+\nu')} \frac{K_1}{\sqrt{2\pi r}} \cos \frac{\theta}{2} \left[(1-\nu') - (1+\nu') \sin \frac{\theta}{2} \sin \frac{3\theta}{2} \right] \tag{4-9}$$

$$\varepsilon_y = \frac{1}{2\mu(1+\nu')} \frac{K_1}{\sqrt{2\pi r}} \cos \frac{\theta}{2} \left[(1-\nu') + (1+\nu') \sin \frac{\theta}{2} \sin \frac{3\theta}{2} \right] \tag{4-10}$$

$$\gamma_{xy} = \frac{1}{2\mu} \frac{K_1}{\sqrt{2\pi r}} \cos \frac{\theta}{2} \cos \frac{3\theta}{2} \sin \frac{\theta}{2} \tag{4-11}$$

$$u = \frac{K_1}{\mu(1+\nu')} \sqrt{\frac{r}{2\pi}} \cos \frac{\theta}{2} \left[(1-\nu') + (1+\nu') \sin^2 \frac{\theta}{2} \right] \tag{4-12}$$

$$v = \frac{K_1}{\mu(1+\nu')} \sqrt{\frac{r}{2\pi}} \sin \frac{\theta}{2} \left[2 - (1+\nu') \cos^2 \frac{\theta}{2} \right] \tag{4-13}$$

$$\nu' = \begin{cases} \nu \rightarrow 平面应力 \\ \\ \frac{\nu}{1-\nu} \rightarrow 平面应变 \end{cases} \qquad \mu = \frac{E}{2(1+\nu)} \tag{4-14}$$

式中：ν 为材料的泊松比；K_1 代表 I 型裂纹的应力强度因子。应力强度因子是描述裂纹尖端附近应力场的参量，裂纹扩展取决于 K 值的大小。一旦裂纹尖端实际的应力强度因子达到了失稳扩展时的临界值 K_c 时，裂纹就会扩展，I 型裂纹扩展的判据为

$$K_1 = K_c \tag{4-15}$$

材料的疲劳裂纹扩展按照扩展速率大致分为三个阶段，如图 4-5 所示。第一阶段是疲劳裂纹扩展缓慢阶段，该阶段存在一个扩展的门槛值 ΔK_{th}，即当 ΔK 低于 ΔK_{th} 时，疲劳裂纹将不扩展或者扩展十分缓慢，以至于在实验过程中很难捕捉到目标裂纹的扩展量。第二阶段是疲劳裂纹扩展稳定阶段，一般认为该阶段的 $\mathrm{d}a/\mathrm{d}N - \Delta K$ 近似为一条直线，同时，此阶段也是研究最多、最重要的阶段。第三阶段是疲劳裂纹扩展快速阶段，该阶段的 $\mathrm{d}a/\mathrm{d}N - \Delta K$ 的斜率突然变大，接近材料的最终断裂，大量的工程实践表明，这一阶段只占整个扩展过程中较小的一部分。

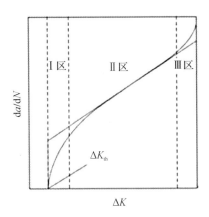

图 4-5　疲劳裂纹扩展的三个阶段

　　一般而言,大部分金属材料的疲劳裂纹扩展规律均满足上述三个阶段,而对于高分子复合材料而言,疲劳裂纹扩展存在连续和非连续的情况。对于一些复合材料,如聚苯乙烯、有机玻璃、聚氯乙烯、聚苯醚等,这类材料裂纹扩展至一定阶段时,其 da/dN-ΔK 依然遵循 Paris 公式。

4.2.2　疲劳测试

　　裂纹按照力学特征可分为Ⅰ型裂纹、Ⅱ型裂纹、Ⅲ型裂纹。其中Ⅰ型裂纹往往是最危险的裂纹,也是国内外学者长期关注的重点,本节将对纳米碳酸钙改性聚丙烯复合材料在不同盐度水环境下的Ⅰ型裂纹扩展行为进行研究。参照现行的国家标准《金属材料　疲劳试验　疲劳裂纹扩展方法》(GB/T 6398—2017)[188],将材料加工成单边缺口三点弯曲 SE(B)试件。加工后的试件高度 $W=50$ mm,宽度 $B=20$ mm,横向长度为 210 mm,机械缺口宽度为 2 mm,缺口深度为 5 mm,在此基础上用刻刀在缺口中间位置切出 1 mm 深的尖缺口形成纯Ⅰ型试件,三点弯曲 SE(B)试件如图 4-6 所示。

　　将加工好的试件浸泡在水、3.5% NaCl 盐水、5.0% NaCl 盐水三种环境中 60 天,取出后用防水刻度条贴于缺口旁对齐刻度并与之平行,随后再用防水胶带加透明薄膜带将试件捆扎密封,将上端开一个口并加入先前所对应的浸泡水溶液,以保证试验过程中裂纹尖端始终处于浸没状态。然后将准备好的试件放置到 MTS809 疲劳试验机上(如图 4-7 所示),上冲头位置对准缺口正上端,下端两支座跨度为 18 cm。采用带光源的观测装置记录试件的裂纹扩展情况,记录每扩展 0.5 mm 长度所对应的循环次数。加载频率 $f=6$ Hz,应力比 $R=F_{min}/F_{max}$ 为 0.1,裂纹扩展速率的结果以 da/dN-ΔK 的形式表达。

单边缺口三点弯曲 SE(B)试样 ΔK 的计算按照下式得到

$$\Delta K=\frac{\Delta F}{BW^{\frac{1}{2}}}\left[\frac{6\alpha^{\frac{1}{2}}}{(1+2\alpha)(1-\alpha)^{\frac{3}{2}}}\right]\left[1.99-\alpha(1-\alpha)(2.15-3.93\alpha+2.7\alpha^2)\right]$$

$$(4-16)$$

式中：$\Delta F=F_{max}-F_{min}$；a 为裂纹总长度，$\alpha=a / W$。

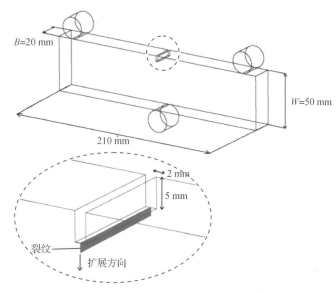

图 4 - 6　三点弯曲 SE(B)试件

图 4 - 7　MTS809 疲劳试验机(左)与试件实物(右)

首先对试件进行静载破坏,将测得的最大断裂载荷的 60% 作为所对应试件的初始应力,即 $F_{max}=4\,000$ N。对于初始应力 $F_{max}=4\,000$ N,试件在三种水环境中裂纹扩展至 2 mm 左右出现明显的阻裂效应,在加载方式不变的情况下载荷继续循环二十万次后裂纹仍旧停滞不前。之后,为让每个试件裂纹继续扩展且扩展得长一些,采用表 4-1 中的"逐级降载"的加载方式对试件继续进行试验,试件裂纹继续扩展至断裂,得到了 da/dN 与 ΔK 之间的关系。

表 4-1 加载设置

裂纹扩展长度/mm	F_{max}/N
0~阻裂点	4 000
阻裂点~3.5	4 400
3.5~5.5	4 100
5.5~7.5	3 800
7.5~9.5	3 500
9.5~	3 200

试件在三种盐度水环境下的疲劳裂纹扩展规律基本相似,试件的全阶段 $da/dN - \Delta K$ 关系曲线如图 4-8 所示。根据裂纹的扩展的行为,均可划分为三个不同的阶段[189]。

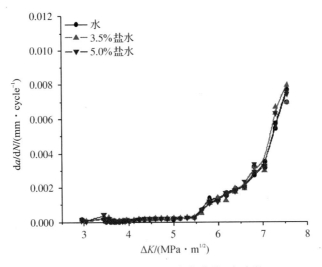

图 4-8 da/dN 随 ΔK 变化曲线(全阶段)

(1)扩展初始阶段。ΔK 介于 2.9~3.6 MPa·m$^{1/2}$ 之间。在循环载荷的作用下,疲劳裂纹开始萌生扩展,裂纹扩展至一定长度后出现阻裂效应,在原载荷下裂纹无法继续扩展。与空气中的疲劳试验进行对比可以发现,阻裂效应的发生和所对应的裂纹长度与三种水环境无关;但三种环境对达到所对应阻裂点的循环次数有一定的影响。其中,在空气中与水环境中的疲劳循环次数[190]有明显差别,同时随着盐度的增加,循环次数有下降的趋势,这和王恒等人[191]的研究具有相似的结论。达到阻裂点循环次数的对比如表 4-2 所示。

表 4-2　阻裂点循环次数对比

	环境			
	空气	水	3.5%盐水	5.0%盐水
循环次数	26 712	13 580	10 500	12 599

(2)稳定线性阶段。ΔK 介于 3.6～5.5 MPa·m$^{1/2}$ 之间。裂纹突破阻裂点后,在较长范围内裂纹扩展的 da/dN 与 ΔK 关系呈现线性分布,裂纹每扩展 0.5 mm 所对应的循环次数较为稳定。在这个阶段中,试件的裂纹扩展速率均随着盐度的增加而略微增大,该阶段的 da/dN 与 ΔK 关系的线性拟合如图 4-9 所示。

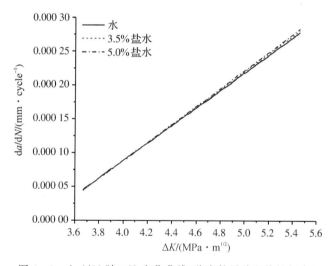

图 4-9　da/dN 随 ΔK 变化曲线(稳定扩展阶段线性拟合)

(3)失稳快速阶段。ΔK 介于 5.5～7.6 MPa·m$^{1/2}$ 之间,最终扩展至 22 mm 左右处断裂。此时裂纹扩展速率明显加快,da/dN-ΔK 曲线斜率大幅度提高。随着盐度的增加,此阶段的扩展速率同样也略微增加,但影响十分有限。

为了进一步对试件在三种水环境下的阻裂效应进行分析和研究,对不同载荷下的初始缺口试件进行阻裂效应测试。测试发现:$F_{max}=3\,600$ N 的缺口等效应力为 69.7 MPa,在试验测试期间未观察到裂纹的萌生,将 69.7 MPa 定义为阻裂效应的"下限值",即当载荷处于该应力值以下时,不出现疲劳裂纹;$F_{max}=4\,600\ N$ 的缺口等效应力为 89.1 MPa,这是试验测试所能出现阻裂效应的最大应力值,将 89.1 MPa 定义为阻裂效应的"上限值",即当载荷超过该应力值时,裂纹扩展将不存在阻裂效应。"上限值"和"下限值"的初始缺口等效应力分布如图 4-10 所示(见插页彩图 4-10)。

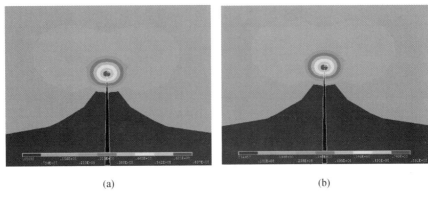

(a)   (b)

图 4-10   初始缺口等效应力

(a)下限等效应力(69.7 MPa);(b)上限等效应力(89.1 MPa)

此外,三种水环境下的试件的裂纹扩展速率的差别较小,随盐度的增加扩展速率略微增大的现象可通过疲劳裂纹尖端的局部老化效应来解释[192-193],即由于疲劳裂纹尖端处的聚丙烯基体分子质量的分布发生了变化所导致的。首先,液体溶液会导致聚丙烯内一定含量的添加剂和微基体溶解析出,因此疲劳裂纹尖端附近区域的聚合物结构遭到了一定的破坏。其次,由于氯离子的存在能对疲劳裂纹尖端区域产生一定的化学老化作用,该区域内的聚合物结构将被进一步侵蚀,导致疲劳裂纹扩展速率加快。因此可以推断出,当处于较高的 ΔK 值时,盐水中的氯离子有足够的时间诱发裂纹尖端区域老化,从而加快疲劳裂纹扩展速率。而当处于较低的 ΔK 值时,裂纹尖端区域暴露于氯离子环境的时间不够[194],相对来说盐度的影响不是特别明显。反观本疲劳测试,只有当试件在一定的外载荷范围内突破阻裂效应点后,氯离子才起到一定的裂纹尖端老化作用,说明氯离子的化学老化作用并不会对阻裂效应产生太大的影响。

4.2.3   形貌分析

断面形貌分析对于材料性能评估和诊断工程事故具有十分重要的意义。通过对形貌微观组织的分析可以了解很多相关信息,如:破坏形式是塑性断裂还是脆性断裂、环境因素占比大还是应力占比大,等等。从而可以进一步判断裂纹的萌生机理和扩展方式,最终分析得到引起此次断裂破坏的应力特征、环境特性、材料属性因素等的结果。随着相关技术的不断发展，采用更精密的扫描电镜、透射电镜、反射电镜等对目标断面进行观测已成为相关研究的主流手段。将上一节的试件断面切割成小块，切割时保证断面不会受到污染和损坏。之后用砂纸打磨底部和侧面，再用酒精、小刷子等对打磨后的小块进行清洁。由于试件为绝缘材料，需对其进行表面喷金处理，最后再放入 SEM 中进行观察取照。

试件在 5.0% NaCl 盐水浸泡的宏观断面（如图 $4-11$ 所示）与所对应的电镜扫面微观形貌如图 $4-12$ 所示。取断面上四个不同位置点的微观形貌特征进行分析，其中 a 点为裂纹扩展至 1 mm 左右的扩展初始阶段，对应的 ΔK 为 2.9 MPa·m$^{1/2}$ 左右，此区域存在一些皱褶凸起，同时也可以看到一些纳米碳酸钙小亮点颗粒。相关机理与上一节的抗拉性能类似：这些小颗粒分布在聚丙烯基体中，当受到外载荷作用时能通过颗粒小尺寸效应和表面效应产生应力集中，促使周边基体形成团聚作用，从而起到抑制分子链滑移的作用。因此，在裂纹萌生的初期表现为抗疲劳性能加强，出现阻裂效应。b 点为裂纹扩展至 6 mm 左右的稳定线性阶段，对应的 ΔK 为 3.6 MPa·m$^{1/2}$ 左右，此阶段的形貌与 a 点没有明显差异，只是表面的皱褶凸起幅度变大，同时盐水对表面有一定的水解与腐蚀，从图中可以看到一些微基体的脱落和皱褶的滑移，这同样也从微观的层面上解释了盐度对纳米碳酸钙改性聚丙烯裂纹扩展的影响。c 点为裂纹扩展至 18 mm 左右的失稳快速阶段，对应的 ΔK 为 5.8 MPa·m$^{1/2}$ 左右，该区域的形貌与 a、b 两点存在明显差异，出现一些大范围的环形层状隆起和坑洞，同时也伴随着一些微基体的脱落和皱褶的滑移。d 点为距离机械切口 30 mm 处的脆性断裂区，该区域为试件完全脆断后的形貌，可以看到，该表面相对于前三个区域要光滑许多，表面只存在一些小范围的凸起，同样，在该区域中基本看不到有腐蚀和水解表面的现象。综上所述，纳米碳酸钙改性聚丙烯在三种水环境下对疲劳裂纹扩展速率影响很小，证明了该种材料具有良好的耐盐腐蚀和抗机械疲劳的性能。

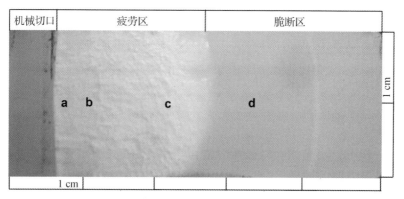

图 4-11　纳米碳酸钙改性聚丙烯断面

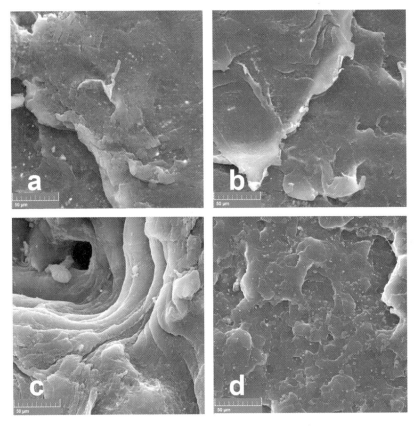

图 4-12　纳米碳酸钙改性聚丙烯断面 SEM 形貌($50\ \mu m$)

4.3　复合叶片设计与测试

在前几节的基础上采用多层铺设的方式制作了多层复合材料叶片:主体部分为高强度铝合金,起到承载的作用。第一层为环氧树脂固化剂,起到黏结铝合金和纳米碳酸钙改性聚丙烯的作用,其厚度约为 $100\ \mu m$。环氧树脂固化剂具有无污染、储运方便、固化快、黏结强度高等特点,对纤维、金属、塑料等材料均具有良好的黏结性能[195-197]。第二层为纳米碳酸钙改性聚丙烯,起到耐盐腐蚀和抗机械疲劳的结构保护作用,其厚度为 $1\sim2$ mm。复合叶片铺设方式如图 4-13 所示,两种主要材料的基本力学性能如表 4-3 所示。在对多层复合叶片进行测试前,需要对叶轮进行流固耦合动力响应计算评估,为多层复合材料叶片的测试提供加载标准和参考。

图 4 - 13　复合叶片铺层示意图

表 4 - 3　两种材料的基本力学性能

材料	密度 kg・m^{-3}	弹性模量 MPa	泊松比	拉伸强度 MPa	延展率 %
铝合金	2 780	74 000	0.34	479~485	13~14.3
纳米碳酸钙改性聚丙烯	910	1 500~1 700	0.41	33~35	>300

4.3.1　叶片流固耦合分析

根据求解控制方程的形式,流固耦合可分为强耦合和弱耦合[198]。强耦合是同时求解流体、结构、作用交界面的求解方式。弱耦合是分别求解流体、结构,之后再通过交界面进行数据传递[199]。相比之下,强耦合精度较高但对计算资源要求巨大,弱耦合精度较低但易于实现且效率高,得到了广泛的应用。

根据求解算法的形式,流固耦合可分为拉格朗日法、欧拉法、任意拉格朗日-欧拉法[200]。拉格朗日法在处理结构运动边界时较为精确,而当面临结构大变形问题时则会出现网格畸变,具有一定的局限性。欧拉法适用于大变形问题,但对结构运动边界的捕捉较为困难。任意拉格朗日-欧拉法集合了以上两种算法的优点,对运动边界处理采用拉格朗日法,对流体网格划分采用欧拉法,这样避免了网格畸变和边界捕捉不利的问题。

根据作用交界面数据传递的形式,流固耦合可分为单向耦合和双向耦合[201]。单向耦合指的是交界面上的数据传递是单向的:只有流体的计算结果传递给结构的过程,而没有结构的计算结果传递给流体的过程。双向耦合指的是交界面上的数据传递是双向的:既有流体计算结果传递给结构,又有结构计算结果反向传递给流体。此外,当结构的变形非常小时,换言之,对流体的反向影响可以忽略不计时,则对于一些双向耦合分析,在某种程度上也可以看作是单向耦合分析。

考虑到叶轮的刚性较大,相对变形量较小,对周围流场的影响基本可以忽略不计,因此,本章采用单向流固耦合对叶轮进行分析。流场信息采用前章的结果,将相应的CFD水动力载荷、重力、旋转效应等作为边界条件一同映射到结构有限元分析中,计算叶片相应的结构响应,如变形、应力分布和固有振动频率,结构动力方程为

$$M_s\ddot{q}(t) + C_s\dot{q}(t) + K_s q(t) = Q_s \qquad (4-17)$$

式中:$\ddot{q}(t)$ 表示节点加速度矢量;$\dot{q}(t)$ 表示节点速度矢量;$q(t)$ 表示节点位移矢量;M_s 表示结构质量矩阵;C_s 表示结构阻尼矩阵;K_s 表示结构刚度矩阵;Q_s 表示荷载矢量。

取导管涡轮样机在试验时 $U_0 = 2$ m/s,$TSR = 3.77$ 下的流体计算结果作为水动力载荷边界条件,同时加入重力载荷和叶轮旋转效应一同映射到结构有限元分析中,计算叶轮叶片相应的结构响应。

使用非结构化网格对叶片结构进行网格划分,对曲率较大的零件进行单元细化和自适应,如图4-14。为了确定合适的固体网格尺寸和数量,以最大等效应力为评估标准进行网格无关性验证,最终网格数约为40万,如表4-4所示。

图 4-14　叶片网格划分细节

表 4-4　网格无关性验证(二)

网格数/万	最大等效应力/ MPa
5	48.28
10	48.34
20	48.35
40	48.35

图4-15(见插页彩图4-15)为涡轮机叶片的六阶模态分布。一阶至六阶振动模式相似,随着阶数的增大,振动频率增加,变形逐渐增加。在六阶模态中,最大变形均位于叶尖处,前三阶的振动频率较为接近,后三阶的振动频率也较为接近,但第三阶和第四阶的频率存在显著差异。总的来说,六阶模态频率(243.98~

566.2 Hz)远高于涡轮机的工作频率(约 4.8 Hz)。因此,涡轮机在运行条件下不太可能发生共振振动。

频率: 243.98 Hz

(a)

频率: 244.12 Hz

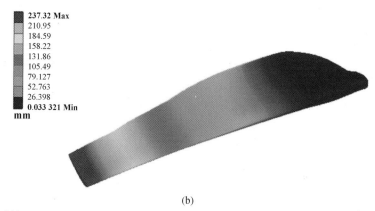

(b)

频率: 244.22 Hz

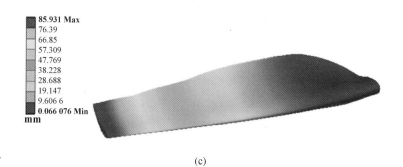

(c)

图 4-15　叶片的六阶模态分布
(a) 一阶;(b) 二阶;(c) 三阶

频率：544.61 Hz

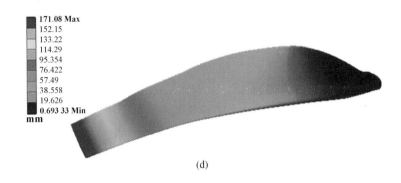

(d)

频率：566.14 Hz

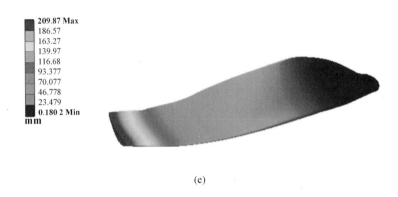

(e)

频率：566.2 Hz

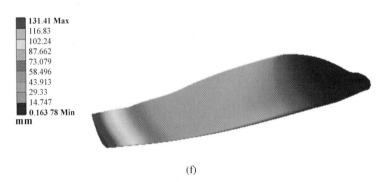

(f)

续图 4-15　叶片的六阶模态分布

(d)四阶；(e)五阶；(f)六阶

　　计算结果显示，最大等效应力出现在叶根部，而最大变形出现在叶尖处，如图

4-16(a)(b)所示[见插页彩图 4-16(a)(b)]。通过寻找叶片上最大应力集中区域，可以初步确定叶片疲劳风险的位置。可以看出，叶片的最大等效应力为 48.3 MPa，远低于铝合金的屈服强度(265 MPa)。同时，上节中的纳米碳酸钙改性聚丙烯的"下限值"也高于该最大等效应力值。叶片尖端 1.7 mm 的最大变形量基本不会影响叶轮的水动力性能。图 4-16(d)[见插页彩图 4-16(d)]显示了叶片的安全系数分布，可以看出，在当前边界条件下按对称全载荷循环 $1×10^9$ 次的临界安全系数为 1.7。这里需要指出的是，如前文所述，在实际的海洋环境中，叶片将受到机械疲劳载荷和环境腐蚀的共同影响，在该影响作用下的叶片实际安全系数将远远低于此结果，这也正是提出多层复合叶片方案的初衷。

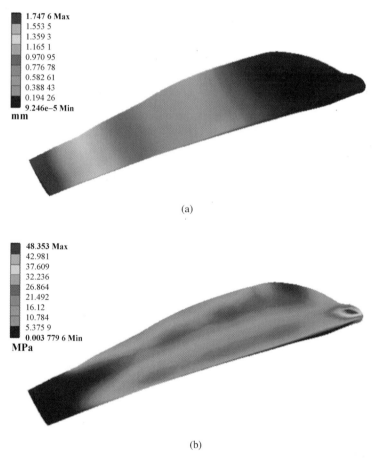

(a)

(b)

图 4-16　导管涡轮样机叶片的应力与变形

(a) 变形；(b) 等效应力

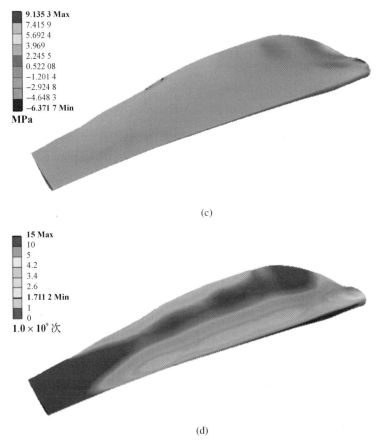

(c)

(d)

续图 4-16　导管涡轮样机叶片的应力与变形
(c) 剪切应力；(d) 安全系数

4.3.2　叶片耐疲劳测试

一些文献[202-205]显示涡轮机叶片的损伤和断裂主要集中在叶片的脆弱区域，其中从根部沿径向上的 26% ～ 54% 的范围内存在断裂风险。此外，图 4-16(b)[见插页彩图 4-16(b)]也显示了最大应力处于叶片根部处。根据上述结果，制作了样机半叶片的多层复合叶片，重点对该部分的叶片进行耐疲劳试验测试。测试叶片径向长度为 112.5 mm，如图 4-17 所示。同样，将多层复合叶片在 5.0% 盐水中浸泡 60 天，取出后置于 MTS809 试验机上进行轴向拉载及扭转疲劳测试。初始加载频率为 6 Hz、应力比为 0.1，单个完整铝合金叶片在径向上的合力可以近似地估算为[206]

$$F = F_a + F_c = F_a + M_{blade} \times r_c \times (2\pi n/60)^2 \qquad (4-18)$$

式中：F_c 为离心力；叶片质量 M_{blade} 为 0.157 kg；重心与旋转中心的距离 r_c 为 98.16 mm；转速 $n = 288$ r/min；F_a 为数值模拟计算得到的轴向水动力载荷。将合力 F 和计算的轴向扭矩值放大五倍加载到叶片上，即 100 N 的拉伸载荷和 5.15 N·m 的扭矩载荷，经过 1×10^7 个循环后，观测到多层复合叶片并未发生失效，整个叶片表面未出现可见裂纹和剥落现象。

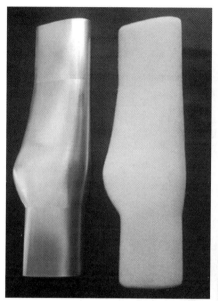

图 4-17　铝合金叶片与多层复合叶片实物(左)，MTS 加载情况(右)

对测试半叶片进行有限元分析，采用固定连接接触作为纳米碳酸钙改性聚丙烯与铝合金叶片之间的边界条件，叶片底端固定，顶端施加与试验相同的载荷。可以看到纳米碳酸钙改性聚丙烯与铝合金作为一个整体共同变形，如图 4-18(a)所示[见插页彩图 4-18(a)]。值得一提的是，当两种材料共同承载时，刚度大的将作为主要承载单元，对比图 4-18(b)(c)[见插页彩图 4-18(b)(c)]可以看出，应力主要作用在铝合金上，作用在聚丙烯上的应力远小于作用在铝合金上的应力。此外，多层复合叶片的最大等效应力和最大变形均处于材料和结构极限内。

从上述分析结果可以看出，铝合金与纳米碳酸钙改性聚丙烯可以作为一个整体进行受力和变形。回顾图 4-16(c)[见插页彩图 4-16(c)]中的最大剪切应力(9.1 MPa)产生于叶根附近的一个很小的区域，而大多数叶片表面剪切应力约为 2～4 MPa。本书采用的环氧树脂固化剂的抗剪强度在 18 MPa 以上，不太可能出现剥离现象。此外，铝合金与纳米碳酸钙改性聚丙烯的线膨胀系数很接近(铝合金

为 $23.8 \times 10^{-6} °C^{-1}$ 左右,纳米碳酸钙改性聚丙烯为 $44.5 \times 10^{-6} °C^{-1}$ 左右),一般的海域温度常年变化不大,不太可能由温度发生大幅度改变而破坏黏结效果。纳米碳酸钙改性聚丙烯不仅适用于涡轮机叶片的保护材料,还可应用于发电装置其余的非核心部件,如本书中提到的浮管。

多层复合叶片的方案有助于提高叶片的寿命且无须大量增加设计成本。对于一些潮流资源丰富但盐度腐蚀较大的区域,可进一步强化铺层方案,比如可将丙烯酸树脂应用于叶片第三层,进一步提升叶片的耐腐蚀性。

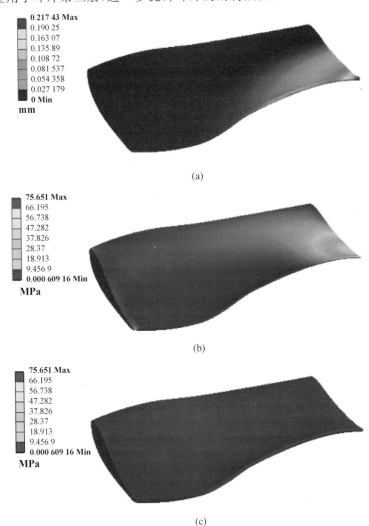

图 4-18 半叶片的变形与等效应力

(a) 变形(多层复合叶片);(b) 等效应力(单独铝合金叶片);(c) 等效应力(多层复合叶片)

4.4　本　章　小　结

本章对纳米碳酸钙改性聚丙烯进行了抗拉性能测试和疲劳裂纹扩展试验,基于导管涡轮机叶片结构动力响应计算结果,对"铝合金加聚丙烯"复合材料的多层复合叶片进行了设计和分析,本章的主要结论如下:

(1)纳米碳酸钙改性聚丙烯在不同拉伸速率下的大变形可分为线弹性阶段、屈服阶段、软化颈缩阶段及应力稳定阶段。其中,线弹性阶段、屈服阶段的峰值应力基本不受拉伸速率的影响,应力稳定阶段的稳定应力随着拉伸速率的增大而减小,在不同拉伸速率下的延展率均超过 300% 而未断裂。相比纯聚丙烯而言,其拥有更高的峰值应力、良好的应力-应变稳定性和优异的延展特性,当承受较大的变形量时也不会发生断裂。

(2)纳米碳酸钙改性聚丙烯在三种盐度水环境与循环荷载耦合作用下的 Ⅰ 型裂纹扩展可分为扩展初始阶段、稳定线性阶段和失稳快速阶段。其中,扩展初始阶段存在明显的阻裂效应,阻裂效应的发生和所对应的裂纹长度与三种水环境无关,但三种环境对达到所对应阻裂点的循环次数有一定的影响,且随着盐度的增加循环次数有下降的趋势。盐度对后两个阶段的影响很小,裂纹扩展速率均随着盐度的增加而略微增大,该现象可通过疲劳裂纹尖端的局部老化来解释。断面分析显示纳米碳酸钙改性聚丙烯的断面疲劳区受到一定程度腐蚀和水解,出现了一些微基体的脱落和皱褶的滑移,而在脆断区中基本看不到有腐蚀和水解表面的现象。

(3)测试得到纳米碳酸钙改性聚丙烯在三种水环境下不出现疲劳裂纹的"下限应力值"为 69.7 MPa,阻裂效应最大所能承受"上限应力值"为 89.1 MPa。三种水环境对该种材料的疲劳裂纹扩展速率影响很小,证明了纳米碳酸钙改性聚丙烯具有良好的耐盐腐蚀和抗机械疲劳的性能。

(4)经浸泡预处理的多层复合叶片在承受 100 N 的拉伸载荷和 5.15 N·m 的扭转载荷共同作用 $1×10^7$ 次循环后,观测到多层复合叶片未发生失效,整个叶片表面也未出现可见裂纹和剥落现象。相关数值模拟表明,铝合金作为主体结构承载了大部分的载荷,作用在纳米碳酸钙改性聚丙烯上的应力远小于铝合金上的应力。铝合金具有较高的刚度和承载能力,纳米碳酸钙改性聚丙烯具有良好的耐盐腐蚀和抗机械疲劳的性能,将这两种材料结合起来可以充分发挥各自的优势,实现各自的功能,形成性能优良的叶片结构。研究结果证明了多层复合叶片具有优良的承载能力、抗机械疲劳、耐盐度腐蚀三效合一的综合性能。

第5章 复杂潮流条件下导管涡轮机水动力特性

海水除了具有高盐度的特点外,还存在更复杂的梯度剪切、偏流、波浪等影响因素。这些因素的存在将对导管涡轮机水动力性能产生一定的影响。同时,随着导管涡轮机商业化的进程,世界各地安装的导管涡轮机数量将不断增加,对导管涡轮机在实际潮流条件下的性能和最优配置的评估至关重要[207]。为了突出潮流因素对涡轮机的影响,本章在3.5.2节中导管涡轮机的基础上,等比例放大得到叶轮直径为2 m的导管涡轮机,以此来研究复杂潮流条件对导管涡轮机水动力性能的影响。

5.1 地 理 背 景

青岛斋堂岛海域是我国比较有代表性的潮流能资源区之一,本章以斋堂岛东南部附近一海域为研究地理背景,该海域水深为35~40 m,海底相对较为平坦,地理坐标为北纬35.613°,东经119.936°。该区域的日常极限波浪参数为波高0.6 m,波长24.8 m,频率3.2 s[208],地理位置如图5-1所示,水深H与流速U_0的关系[209]如图5-2所示。

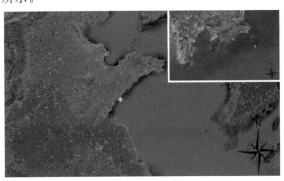

图 5-1 斋堂岛地理位置

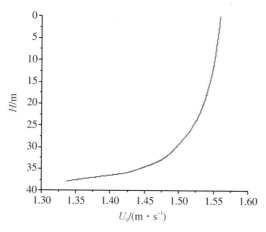

图 5-2　流速与水深的关系

可以看出,流速随水深的增加而减小,水深在 $0\sim10$ m$(5D)$(D 为叶轮直径)时的流速约为 1.56 m/s,此外,水深在 $0\sim15$ m$(7.5D)$时的流速梯度约为 0.002。依照地理数据,将速度入口条件设置为 $U_0=1.56\pm0.002H$ m/s,导管涡轮机转速为 60 r/min。

本章计算域中的涡轮机中心距进口距离为 $5D$,涡轮机中心至出口距离为 $15D$,模型阻塞度小于 1.0%。计算域入口设置为速度入口,出口设置为压力出口,外边界条件为自由滑移边界,叶轮及导管为固壁面无滑移壁面条件,如图 5-3 所示。将计算域划分为旋转域和静止域,旋转域设置为包裹住叶轮的圆柱体。计算采用 SST k-ω 湍流模型,采用滑移网格模型模拟旋转效应,动静交界面采用 interface 设置。假设来流速度为 1.56 m/s,参考长度为叶轮直径,则系统的雷诺数约为 3.1×10^6。对叶轮及导管进行网格加密,叶轮第一层边界层网格满足 $Y^+=1$ 条件,导管第一层边界层网格满足 $Y^+=10$ 条件。涡轮机中心附近网格如图 5-4 所示。对导管涡轮机在 1.56 m/s 和 60 r/min 条件下进行网格无关性验证,如表 5-1 所示,当网格数超过 600 万后,C_P 和 C_{TR} 基本不变。最终,网格划分总数为 630 万左右,其中旋转域 170 万,静止域 460 万。

表 5-1　网格无关性验证(三)

网格数/万	C_P	C_{TR}
400	0.602 8	1.061 8
600	0.607 5	1.063 9
800	0.608 3	1.064 2

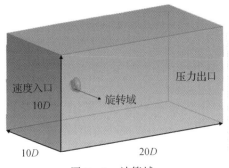

图 5 - 3　计算域

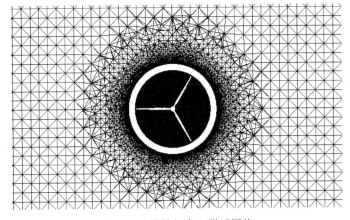

图 5 - 4　涡轮机中心附近网格

　　为了确保数值模拟的准确性,笔者对放大后的叶轮的 CFD 计算结果与第 3 章的试验值进行了比较,如图 5 - 5 所示,可以看出两者吻合度较好,验证了本章及第 6 章数值模型及方法的可靠性。

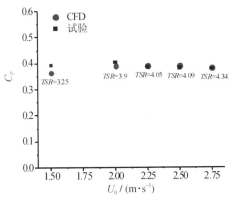

图 5 - 5　试验与 CFD 对比结果

5.2　浸没深度的影响

导管涡轮机轮毂在不同浸没水深下($2D$,$3D$,$4D$)的 C_P、C_{TR} 随时间变化曲线如图 5-6 所示。可以看出由于波流引起的效应随浸没深度的衰减情况。当浸没深度为 $3D$ 时,导管涡轮机最大瞬时 C_P、C_{TR} 分别比 $4D$ 时增加了 8%、4.5%;当浸没深度为 $2D$ 时,导管涡轮机最大瞬时 C_P、C_{TR} 分别比 $4D$ 时增加了 25%、13%。由此可以看出,波流条件下浸没深度对导管涡轮机水动力性能的影响很大。在同一波流条件下,浸没深度越小,C_P、C_{TR} 波动幅度越大,且浮动值远超纯流条件下的相应值。同时,还可以看出在波流条件下,C_P、C_{TR} 表现出与波浪频率一致的时间周期性行为,波峰通过时,导管涡轮机产生最大功率,波谷通过时,产生最小功率,这与多位学者[210-213]的研究结论相似。此外,三种浸没深度下与纯流条件下导管涡轮机的平均 C_P、C_{TR} 非常接近,说明波浪的效应基本不会影响导管涡轮机的时均输出功率和轴向推力[214]。

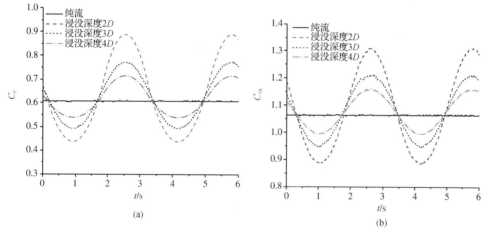

图 5-6　不同浸没深度下 C_P、C_{TR} 随时间变化曲线

(a) C_P;(b) C_{TR}

导管涡轮机在三种浸没深度下不同下游位置的流向速度截面分布如图 5-7 所示(见插页彩图 5-7)($t=6$ s,当涡轮机处于波浪的波峰附近时刻)。可以看出叶轮旋转与波流共同作用对导管涡轮机尾流区域的流态的影响,在一个波流周期内的尾流场周边流速经历一个不断变化的过程。当波峰通过时,将诱导尾流加速向上,波谷则相反,导管涡轮机的尾流结构在一个波流周期内是不断地被抬高和抑制的。

此外,在波浪的作用下,水-气交界面整体变形较大,将引起明显的流速跃迁变化。因此,当浸没水深较浅时,水流将发生强烈的跃迁,波流的振荡效应也将变得十分明显,叶轮扫掠区域后方周围的流场流速较快(体现在云图中颜色较深,圈出部位)。随着浸没深度的增加,流速的迁移效果逐渐减弱,对扫掠区域后方附近的流场的影响也逐渐减小。这也解释了越靠近水面对导管涡轮机 C_P、C_{TR} 的影响越明显。

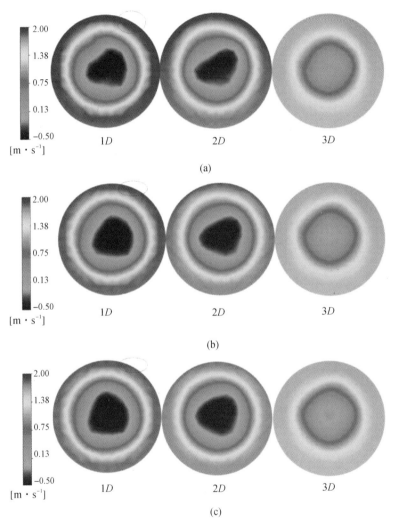

图 5-7   不同浸没深度下的流向速度截面分布
(a) 浸没水深 $2D$;(b) 浸没水深 $3D$;(c) 浸没水深 $4D$

5.3　偏流的影响

本节通过调整导管涡轮机的角度来模拟不同偏流角下的水动力性能。导管涡轮机(浸没深度为 3D)在不同偏流角(30°、45°、60°)的 C_P、C_{TR} 随时间变化曲线如图5-8 所示。可以看出,C_P、C_{TR} 依然表现出与波浪频率一致的时间周期性行为。同时,随着偏流角的增大,流向上的扫掠投影面积越来越小,水流动能逐渐由轴向分量转移至侧向分量,导管涡轮机的平均 C_P 和 C_{TR} 逐渐降低。同时,由于偏流角的变化改变了涡轮机叶片原本叶素截面的局部相对攻角分布,这同样也影响了涡轮机的能量捕获能力和推力[215]。导管涡轮机在 30° 时的平均 C_P、C_{TR} 分别比无偏流时降低了 13% 和 10%,在 45° 时的平均 C_P、C_{TR} 分别比无偏流时降低了 48% 和 34%,在 60° 时的平均 C_P、C_T 分别比无偏流时降低了 88% 和 64%。可以看出,在大偏流角下导管涡轮机的 C_P 和 C_{TR} 都有一个明显的下滑[216]。

此外,偏流的不对称性使叶轮前后两端的压力差始终处于一个不稳定的状态,导致 C_P、C_{TR} 在波浪周期内出现额外的周期性波动,该波动频率由转速和叶片数决定。本书叶轮的旋转周期为 1 s,叶片数为 3。当一个叶片正好处于竖直位置时,C_P、C_{TR} 则处于额外周期的波峰处;而当一个叶片正好处于水平位置时,C_P、C_{TR} 则处于额外周期的波谷处,因此导管涡轮机在一个时间周期内要经历三次额外的周期性波动。此外,随着偏流角的增大,该额外周期性波动的振幅也逐渐增大。在偏流角为 30° 时,C_P、C_{TR} 的额外周期性波动最大振幅分别为 0.041、0.033。在偏流角为 45° 时,C_P、C_{TR} 的额外周期性波动最大振幅分别为 0.151、0.155。在偏流角为 60° 时,C_P、C_{TR} 的额外周期性波动最大振幅分别为 0.205、0.282。因此,导管涡轮机叶片在波流与偏流共同作用下将承受极高的载荷梯度和由此所带来的水动力不平衡力的影响。

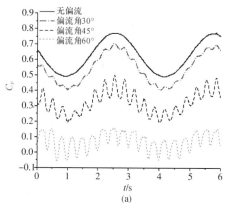

图 5-8　不同偏流角下 C_P、C_{TR} 随时间变化曲线

(a) C_P

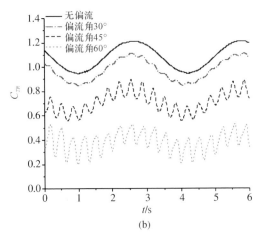

(b)

续图 5-8　不同偏流角下 C_P、C_{TR} 随时间变化曲线

（b）C_{TR}

　　导管涡轮机在三种偏流角下不同下游位置的流向速度截面分布如图 5-9 所示（见插页彩图 5-9）（$t=6$ s，当涡轮机处于波浪的波峰附近时刻）。水流通过导管涡轮机后将被诱导分离为轴向与侧向分量，只有轴向分量有利于导管涡轮机的能量捕获。这种由偏流导致的速度变化，也成为决定导管涡轮机水动力载荷的因素之一。可以看出，导管涡轮机在偏流条件下的尾流都发生了侧向的偏移和变形，呈现出非对称流动结构。随着偏流角的增大，下游流场结构变得相当不稳定和复杂。在 30°偏流角下，尾流分布近似于一种椭圆的几何形状。当偏流角为 45°和 60°时，尾流被分离成两个低速区，此时尾流分布已无特定形状可言。值得一提的是，随着偏流角的增大，尾流恢复逐渐加快。

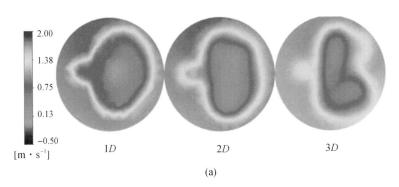

(a)

图 5-9　不同偏流角下的流向速度截面分布

（a）偏流角 30°

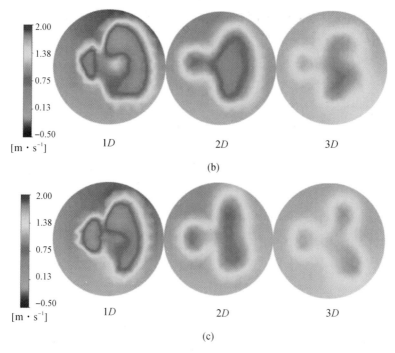

(b)

(c)

续图 5-9　不同偏流角下的流向速度截面分布
(b) 偏流角 45°；(c) 偏流角 60°

5.4　本 章 小 结

　　本章根据斋堂岛海域条件对导管涡轮机在复杂潮流条件下的水动力性能进行了研究,得出以下主要结论:

　　(1)在波流作用下,随着浸没深度的减小,水流将发生强烈的跃迁,波浪效应增强,叶轮扫掠区域后方附近的流场流速加快,波流引起的 C_P、C_{TR} 振幅增大。当波峰通过时产生最大值,当波谷通过时产生最小值。此外,导管涡轮机在三种浸没深度下与纯流条件下的平均 C_P、C_{TR} 非常接近。

　　(2)在波流与偏流共同作用下,随着偏流角的增大,流向上的扫掠投影面积越来越小,水流动能逐渐由轴向分量转移至侧向分量,导管涡轮机的平均 C_P 和 C_{TR} 逐渐降低。此外,下游的尾流结构都发生了侧向的偏移和变形,呈现出非对称流动结构,且随着偏流角的增大,流场结构将变得相当不稳定和复杂,但尾流恢复逐渐加快。

（3）处于不同浸没深度及偏流角的导管涡轮机 C_P、C_{TR} 均表现出与波浪频率一致的时间周期性行为。此外，偏流将导致 C_P、C_{TR} 在叶轮旋转周期内出现额外的周期性波动，该波动频率由转速和叶片数决定，且波动幅值随着偏流角的增加而增大。

第6章 新型无轴轮缘导管涡轮机水动力特性初探

虽然传统的有轴导管涡轮机能满足功率提升的发电需求,但同时也有一些缺点,比如:叶轮与导管之间存在一定的叶尖间隙,而高速旋转的叶轮将导致叶尖间隙内的水流受到很强的剪切力,此处会对导管涡轮机的水动力性能产生一定的不利影响。同时,间隙安装也会给导管加工工艺及叶轮运行的安全性带来一定的挑战(尤其是对于大型导管涡轮机而言)。此外,支撑电机及叶轮的轴系支撑结构占用了一定的导管入流空间,并且会对导管涡轮机内部流场造成一定的干扰。为此,借鉴船舶领域的无轴轮缘推进器[217-219],本章对一种新型的无轴轮缘导管涡轮机进行水动力特性初探。该型涡轮机去除了轴系支撑结构,发电机安装在导管壳体内部,叶尖与导管无间隙,通过内置的环形定子带动叶轮同步旋转,以径向连接代替传统导管涡轮机的轴向连接,采用"叶轮-导管-发电机一体化设计",使系统结构更加紧凑[220],传统的导管涡轮机与无轴轮缘导管涡轮机结构对比如图6-1所示。

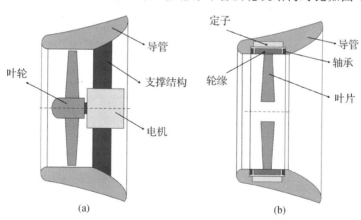

图6-1 两种导管涡轮机结构形式

(a)传统导管涡轮机结构形式;(b)无轴轮缘导管涡轮机结构形式

沿用2 m直径的叶轮,导管设计为"类翼型"环形截面导管,导管尺寸示意图如图6-2所示,有轴导管涡轮机与无轴轮缘导管涡轮机示意图如图6-3所示。

在此基础上,本章对有轴导管涡轮机和不同轴径比的无轴轮缘导管涡轮机[定义轴径比(r/R)为无轴叶轮实际半径 r 与原半径 R 的比值]进行水动力特性对比研究。对于无轴轮缘导管涡轮机,取消轮毂结构,并对叶根处进行半圆化圆滑处理,将处理后的无轴叶片在导管内壁侧相应位置进行装配得到无轴轮缘导管涡轮机($r/R=0.9$)。采用相同的方式得到 $r/R=0.8$ 和 $r/R=0.7$ 的无轴轮缘导管涡轮机。三种无轴轮缘导管涡轮机和有轴导管涡轮机除了轴径比及是否有轴不一样外,其余设置均保持一致。

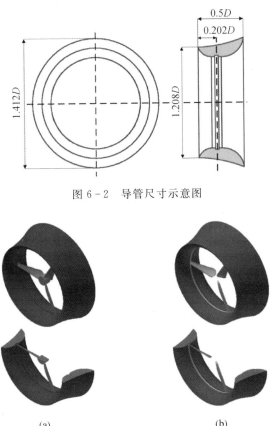

图 6-2　导管尺寸示意图

图 6-3　有轴导管涡轮机与无轴轮缘导管涡轮机示意图
(a) 有轴导管涡轮机;(b) 无轴轮缘导管涡轮机

　　本章计算域设置与第 5 章一致,涡轮机中心距进口距离为 $5D$,距出口距离为 $15D$,模型阻塞度小于 1.0%。计算域入口设置为速度入口,出口设置为自由流出,外边界条件为自由滑移边界,叶轮及导管为固壁面无滑移壁面条件。采用四面体非结构网格对计算模型进行划分,对叶轮及导管进行网格加密,两种涡轮机中心附近网格如图 6-4 所示。假设来流速度为 2 m/s,参考长度为叶轮直径,则系统的

雷诺数约为 4.0×10^6。设置叶轮第一层边界层网格满足 $Y^+ = 1$ 条件,导管第一层边界层网格满足 $Y^+ = 10$ 条件。对无轴轮缘导管涡轮机($r/R = 0.9$)在 $2\ \mathrm{m/s}$、$TSR = 3.5$ 条件下进行网格无关性验证,如表 6 - 1 所示。可以看出,当网格数超过 600 万后 C_P 和 C_{TR} 基本不变,因此,后续计算采用此种网格设置。

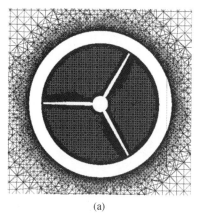 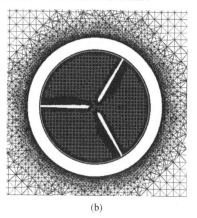

(a)　　　　　　　　　　　　(b)

图 6 - 4　两种涡轮机中心附近网格

（a）有轴导管涡轮机中心附近网格;（b）无轴轮缘导管涡轮机中心附近网格

表 6 - 1　网格无关性验证（四）

网格数/万	C_P	C_{TR}
400	0.484 2	0.794 5
600	0.487 2	0.795 8
800	0.487 9	0.795 5

6.1　功率与推力

四种导管涡轮机在 $U_0 = 2\ \mathrm{m/s}$ 下的 C_P、C_{TR} 随 TSR 变化曲线如图 6 - 5 所示。可以看出,四种导管涡轮机的 C_P、C_{TR} 曲线变化规律基本一致。其中,C_P 曲线在 $TSR = 3.0$ 至 $TSR = 4.0$ 范围内处于较高水平,其最佳 TSR 处于 3.5 左右,均适合在较低尖速比工况下工作。当 $TSR = 2.0$ 至 $TSR = 4.0$ 左右时,C_{TR} 值随 TSR 的增加而增大,达到峰值后略有下降。同时,无轴轮缘导管涡轮机($r/R = 0.9$)在全尖速比范围内的 C_P 值相比有轴导管涡轮机均有一定的提升(平均提升 2.22%)。其中,在最佳 $TSR = 3.5$ 时,其峰值 $C_{P\max}$ 相比有轴导管涡轮机的峰值提升了 3.33%。当 $TSR > 2.5$ 后,无轴轮缘导管涡轮机($r/R = 0.9$)的 C_{TR} 值相比有轴导管涡轮机将逐渐减小。因此,在一定范围内,无轴轮缘导管涡轮机相比有轴导管涡轮机具有更高的输出功率及更小的轴向推力[221]。同时可以看出随着轴径比的减小,无轴轮缘导管涡轮机的 C_P、C_{TR} 在全尖速比范围内呈现出下降趋势。

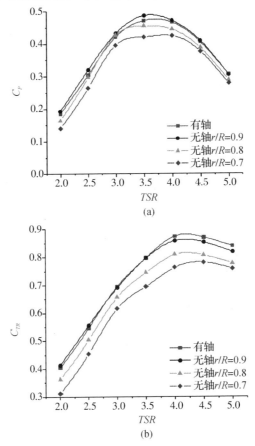

图 6-5 四种导管涡轮机 C_P、C_{TR} 随 TSR 变化曲线

(a) C_P;(b) C_{TR}

值得一提的是,若按照实际扫掠面积进行计算[即 $A = \pi R^2 - \pi(R-r)^2$],则无轴轮缘导管涡轮机将产生更高的叶轮单位面积功率。因此,无轴轮缘导管涡轮机($r/R = 0.9$)的功率系数及实际功率系数均高于有轴导管涡轮机。当然,实际推力系数也相应地得到了互补。除了主要由叶轮所带来的推力外,导管也将贡献一部分额外的推力,导管上的推力除了受到叶轮旋转压力的影响外,还取决于导管自身剖面结构所带来的流体-结构相互作用[222]。而所有的结构推力载荷都将作用于涡轮机支撑结构件上。这里需要指出的是:由于无轴轮缘导管涡轮机的发电设备是作为一个整体系统嵌入导管中的,相比有轴导管涡轮机则不需要在叶轮后方安

装裸露式的发电机箱和轴系中心体结构,在实际运行时可大大减小流动阻力及由上述结构所引起的扰流干扰[223-224],提升了系统的稳定性和可靠性。

　　四种导管涡轮机在 $TSR = 3.5$ 时的瞬时 C_P、C_{TR} 随时间变化的曲线如图 6-6 所示。可以看出,三种无轴轮缘导管涡轮机的瞬时 C_P、C_{TR} 波动振幅相比有轴导管涡轮机略微增大,而且随着叶轮轴径比的减小,其瞬时 C_P、C_{TR} 波动振幅呈现出进一步增大的趋势。其中,有轴导管涡轮机的瞬时 C_P、C_{TR} 波动最大振幅均为 0.001 8,无轴轮缘导管涡轮机($r/R = 0.9$)的瞬时 C_P、C_{TR} 波动最大振幅分别为 0.002 3 和 0.002 2,无轴轮缘导管涡轮机($r/R = 0.8$)的瞬时 C_P、C_T 波动最大振幅分别为 0.003 5 和 0.003 0,无轴轮缘导管涡轮机($r/R = 0.7$)的瞬时 C_P、C_{TR} 波动最大振幅分别为 0.003 9 和 0.003 7。

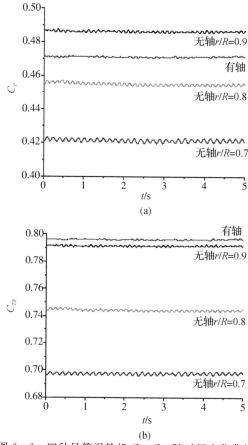

图 6-6　四种导管涡轮机 C_P、C_{TR} 随时间变化曲线

(a) C_P;(b) C_{TR}

6.2　尾　流　特　性

图 6-7(见插页彩图 6-7)为四种导管涡轮机在 $TSR=3.5$ 时的轴向速度分布。可以看出,四种导管涡轮机尾流表现出较为无序性非对称流动结构。当叶轮旋转时,其前后旋转面存在较大压力差。对于有轴导管涡轮机,由于其转子扫掠面的完整性,当来流通过叶轮时,一部分水流经过叶轮的旋转带动作用从轮毂后方向下游扩散而出。因此,有轴导管涡轮机轮毂后方呈现出较长范围的低速条带。而对于无轴轮缘导管涡轮机,由于没有轮毂结构,轴心处存在一定面积的扫掠缺口,前后压力差将迫使水流通过轴心缺口"泄漏"出去。然后此处的轴向速度将迅速超过来流量级,并形成轴心射流。因此,无轴轮缘导管涡轮机轴心后方会出现高速流带。此外,随着叶轮轴径比的减小,通过叶轮轴心缺口处的流量不断增加,该高速条带的范围明显扩大并向下游延伸。此外,由于无轴轮缘导管涡轮机从结构上根本改变了叶轮的运行方式,随着轴径比的减小,中心缺口处的相对流量增大,而叶根正好位于射流影响区域内,这使得叶根附近上下游两端的压力差处于一种不稳定的状态,这也解释了图 6-6 中轴径比小的无轴轮缘导管涡轮机的瞬时 C_P、C_{TR} 波动振幅增大的原因。同时,由于无轴轮缘导管涡轮机没有轮毂结构,相比有轴导管涡轮机改善了轴心处的尾流轨迹,消除了一部分原轮毂后端的低速旋转尾流,从而回收了一定的尾流旋转能量。但随着叶轮轴径比的减小,叶轮的有效扫掠面积下降,导致其输出功率也随之降低。这也解释了图 6-5 中无轴轮缘导管涡轮机 $(r/R=0.9)$ 在一定 TSR 范围内相比有轴导管涡轮机具有更高的输出功率及效率的原因。

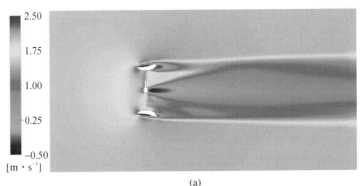

(a)

图 6-7　四种导管涡轮机轴向速度分布

(a) 有轴导管涡轮机

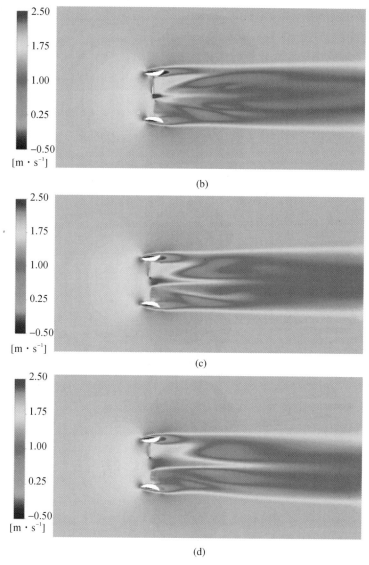

续图 6-7　四种导管涡轮机轴向速度分布

（b）无轴轮缘导管涡轮机$(r/R＝0.9)$；（c）无轴轮缘导管涡轮机$(r/R＝0.8)$；

（d）无轴轮缘导管涡轮机$(r/R＝0.7)$

　　导管涡轮机的尾流速度亏损主要受叶轮旋转及导管阻塞效应的影响，其尾流恢复情况可通过时均速度亏损系数来衡量，无量纲的速度亏损系数定义为

$$V_{\mathrm{def}}=1-\frac{V_x}{V_0} \tag{6-1}$$

式中：V_x 为不同尾流截面处的平均流速。

　图 6-8 为四种导管涡轮机在 $TSR=3.5$ 时的尾流流速亏损情况，可以看出：四种导管涡轮机的尾流恢复趋势基本一致，流速损失在 $x=2D$ 左右区域内达到峰值，且三种无轴轮缘导管涡轮机的尾流恢复速度明显快于有轴导管涡轮机。回顾图 6-7 可以进一步看出，由于叶轮轴径比的不同，其轴心缺口附近区域的水流流速差异明显。随着叶轮轴径比的减小，尾流轴心处的高速条带明显被放大，叶轮后方的水流将获得额外的流量补充，尾流速度恢复进一步加快。之后，随着后方距离的增大，叶轮的旋转及导管阻塞效应对水流的作用逐渐减小，四种导管涡轮机的尾流也逐渐恢复。

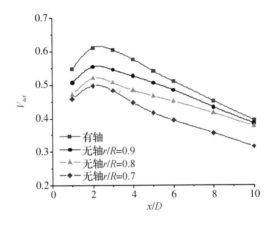

图 6-8　四种导管涡轮机的尾流流速亏损

6.3　本 章 小 结

　本章对无轴轮缘导管涡轮机及有轴导管涡轮机进行了水动力性能对比研究，得到如下主要结论：

　(1)在一定轴径比范围内，无轴轮缘导管涡轮机相比有轴导管涡轮机具有更高的输出功率及更低的轴向推力。但随着叶轮轴径比的减小，输出功率及轴向推力呈现出下降趋势。

　(2)无轴轮缘导管涡轮机的瞬时功率及轴向推力波动振幅相比有轴导管涡轮机略微增大，且随着叶轮轴径比的减小，其波动振幅呈现出进一步增大的趋势。

　(3)由于无轴轮缘导管涡轮机没有轮毂结构，轴心处存在一定面积的扫掠缺口，叶轮前后压力差将迫使水流通过轴心缺口"泄漏"出去，形成轴心射流。其尾流恢复速度明显快于有轴导管涡轮机，且随着叶轮轴径比的减小，叶轮后方的水流将获得额外的流量补充，轴心射流流量不断增加，尾流恢复速度也进一步加快。

第7章 总 结

本书在对潮流能涡轮机的国内外研究进展与应用现状进行了较全面的概述后,针对当前所涉及的一些关键技术问题,采用理论分析、数值模拟、样机试验、材料测试等研究手段,对高性能水动力翼型的优化设计、导管与叶轮相互作用的定量分析标准、适用于低流速及高流速下的特种导管涡轮机方案设计、具备承载能力、抗机械疲劳、耐盐度腐蚀三效合一的复合叶片方案设计、真实海况下导管涡轮机的复杂水动力作用机理等问题进行了系统的研究。本书可为潮流能导管涡轮机的设计、开发和工程应用提供理论指导和技术支持,全书的主要结论如下:

(1)DT0814翼型相比优化前的"过渡2"翼型在全攻角范围内升力系数均得到了提升,升阻比在 $0°\sim9°$ 范围内得到了提升,而最小压力系数在 $0°\sim7°$ 范围得到了提升,整体优化效果较为显著。五种全系列 DT08XX 翼型相比传统的 NACA 翼型及 NREL'S 翼型能在较宽的攻角范围内提供更高的升力和升阻比,且具有良好的非空化性能。

(2)导管的设计参数、导管与叶轮的相互作用与导管涡轮机的水动力性能具有明显的关联性,导管涡轮机的设计应始终考虑系统各部件的相互作用影响。本书基于广义制动盘理论并以 a_i 和 a_d+a_i 作为衡量导管与叶轮相互作用的定量分析参考标准,提出了临界诱导因子(a_c)的概念,且只有当 $a_d+a_i<a_c$ 时,导管才能提高涡轮机能量的提取效率。同时,当 a_i 和 a_d+a_i 在相应 TSR 的绝对值越大时,导管涡轮机的能量提取能力就越强。基于 $f=1.0-11$ 的翼型截面制作了本书的导管涡轮样机,对导管涡轮样机和裸涡轮样机分别进行了拖曳水池试验,试验结果验证了数值模拟的可靠性,计算结果平均误差不超过 6%。

(3)针对潮流的不同流速特点及目标取向性,设计了两种特种导管涡轮机方案。对于攻角可变式多导管组涡轮机方案,附属大导管能在全 TSR 范围内进一步提升涡轮机的 C_P、C_{TR} 值,且随着其攻角的增大,C_P、C_{TR} 值也将进一步增大。对于带内流道的组合式导管涡轮机方案,该方案可在保证输出功率基本不变的前提下,在较低 TSR 范围内能显著减少导管的轴向推力。通过流道的导流、分流作用能减小导管前后端的压力差,加大水流与导管内壁面的贴合度,有效抑制由于抽吸作用所产生的流动分离,固定尾流流迹,减小涡轮机系统轴向推力。

（4）纳米碳酸钙改性聚丙烯作为一种结构保护材料具有良好的应力-应变稳定性和优异的延展特性，当承受较大的变形量时也不会发生断裂。当处于一定的应力范围内时，该种材料在三种盐度水环境的Ⅰ型裂纹扩展行为具有明显的阻裂特性。三种水环境对该种材料的疲劳裂纹扩展速率影响很小，证明了纳米碳酸钙改性聚丙烯具有良好的耐盐腐蚀和抗机械疲劳的性能。

（5）经浸泡预处理的多层复合叶片在承受 100 N 的拉伸载荷和 5.15 N·m 的扭转载荷共同作用 $1×10^7$ 次循环后，观测到多层复合叶片未发生失效，整个叶片表面也未出现可见裂纹和剥落现象。相关数值模拟表明，铝合金作为主体结构承载了大部分的载荷，作用在纳米碳酸钙改性聚丙烯上的应力远小于作用在铝合金上的应力。铝合金具有较高的刚度和承载能力，纳米碳酸钙改性聚丙烯具有良好的耐盐腐蚀和抗机械疲劳的性能，将这两种材料结合起来可以充分发挥各自的优势，实现各自的功能，形成综合性能优良的叶片结构。

（6）在波流作用下，随着浸没深度的减小，水流将发生强烈的跃迁，波浪效应增强，叶轮扫掠区域后方附近的流场流速加快，波流引起的 C_P、C_{TR} 振幅增大。当波峰通过时产生最大值，当波谷通过时产生最小值。此外，导管涡轮机在三种浸没深度下与纯流条件下的平均 C_P、C_{TR} 非常接近。在波流与偏流共同作用下，随着偏流角的增大，流向上的扫掠投影面积越来越小，水流动能逐渐由轴向分量转移至侧向分量，导管涡轮机的平均 C_P 和 C_{TR} 逐渐降低。此外，下游的尾流结构都发生了侧向的偏移和变形，呈现出非对称流动结构，且随着偏流角的增大，流场结构将变得相当不稳定和复杂，但尾流恢复逐渐加快。处于不同浸没深度及偏流角的导管涡轮机 C_P、C_{TR} 均表现出与波浪频率一致的时间周期性行为。此外，偏流将导致 C_P、C_{TR} 在叶轮旋转周期内出现额外的周期性波动，该波动频率由转速和叶片数决定，且波动幅值随着偏流角的增加而增大。

（7）在一定轴径比范围内，无轴轮缘导管涡轮机相比有轴导管涡轮机具有更高的输出功率及更低的轴向推力。但随着叶轮轴径比的减小，C_P、C_{TR} 呈现出下降趋势。无轴轮缘导管涡轮机的瞬时 C_P、C_{TR} 波动振幅相比有轴导管涡轮机略微增大，且随着叶轮轴径比的减小，其波动振幅呈现出进一步增大的趋势。由于无轴轮缘导管涡轮机没有轮毂结构，轴心处存在一定面积的扫掠缺口，叶轮前后压力差将迫使水流通过轴心缺口"泄漏"出去，形成轴心射流。其尾流恢复速度明显快于有轴导管涡轮机，且随着叶轮轴径比的减小，叶轮后方的水流将获得额外的流量补充，轴心射流流量不断增加，尾流恢复速度也进一步加快。

参 考 文 献

[1] 钱伯章，李敏. 世界能源结构向低碳燃料转型：BP公司发布2016年世界能源统计年鉴[J]. 中国石油和化工经济分析，2016(8)：35-39.

[2] DUDLEY B. BP statistical review of world energy[R]. London：Centre for Energy Economics Research and Policy，2019.

[3] FINKL C W，CHARLIER R. Electrical power generation from ocean currents in the straits of Florida：some environment considerations[J]. Renewable and Sustainable Energy Reviews，2009，13(9)：2597-2604.

[4] 中国科学技术协会. 能源科学技术学科发展报告：2007—2008[M]. 北京：中国科学技术出版社，2008.

[5] 国务院. 国家中长期科学和技术发展规划纲要[R]. 北京：国务院，2021.

[6] 国务院. "十四五"国家科技创新规划[R]. 北京：国务院，2021.

[7] 国家发展和改革委员会，国家能源局. 能源技术革命创新行动计划：2016—2030年[R]. 北京：国家发展和改革委员会，2016.

[8] 国家能源局，国家科学技术部. "十四五"能源领域科技创新规划[R]. 北京：国家能源局，2021.

[9] 国家发展和改革委员会，国家能源局. 可再生能源中长期发展规划[R]. 北京：国家发展和改革委员会，2007.

[10] 刘富铀，张俊海，刘玉新，等. 海洋能开发对沿海和海岛社会经济的促进作用[J]. 海洋技术，2009，28(1)：115-119.

[11] 李德孚. 中国户用微小水力发电行业现状与发展[J]. 中国农村水电及电气化，2005(2)：55-60.

[12] 韩芳. 我国可再生能源发展现状和前景展望[J]. 可再生能源，2010，28(4)：137-140.

[13] SHONHIWA C，MAKAKA G. Concentrator augmented wind turbines：a review[J]. Renewable & Sustainable Energy Reviews，2016，59：1415-1418.

[14] SABZEVARI A. Performance characteristics of concentrator-augmented savonious wind rotors[J]. Wind Energy，1977，1：198-206.

[15] GIGUERE P，SELIG M S. Design of a tapered and twisted blade for the NREL combined experiment rotor[R]. Springfield：National Renewable

Energy Laboratory, 1999.

[16] HAN S H, PARK J S, LEE K S, et al. Evaluation of vertical axis turbine characteristics for tidal current power plant based on in situ experiment [J]. Ocean Engineering, 2013, 65(1):83 - 89.

[17] BATTEN W M J, BAHAJ A S, MOLLAND A F, et al. Experimentally validated numerical method for the hydrodynamic design of horizontal axis tidal turbines[J]. Ocean Engineering, 2007, 34 (7): 1013 - 1020.

[18] GILBERT B L, OMAN R A, FOREMAN K M. Fluid dynamics of diffuser - augmented wind turbines[J]. Journal of Energy, 1978, 2(6): 368 - 374.

[19] ANZAI A, NEMOTOY, USHIYAMA I. Wind tunnel analysis of concentrators for augmented wind turbines[J]. Wind Energy, 2004, 28: 605 - 613.

[20] GHAJAR R F, BADR E A. An experimental study of a collector and diffuser system on a small demonstration wind turbine[J]. International Journal of Mechanical Engineering Education, 2008, 36(1): 58 - 68.

[21] SHAHSAVARIFARD M, BIBEAU E L, CHATOORGOON V. Effect of shroud on the performance of horizontal axis hydrokinetic turbines[J]. Ocean Engineering, 2015, 96(1): 215 - 225.

[22] BAHAJ A S, BATTEN W M J, MCCANN G. Experimental verifications of numerical predictions for the hydrodynamic performance of horizontal axis marine current turbines[J]. Renewable Energy, 2007, 32 (15): 2479 -2490.

[23] MASTERS I, CHAPMAN J C, WILLIS M R, et al. A robust blade element momentum theory model for tidal stream turbines including tip and hub loss corrections [J]. Journal of Marine Engineering and Technology, 2011, 10(1): 25 - 35.

[24] LEE J H, PARK S, KIM D H, et al. Computational methods for performance analysis of horizontal axis tidal stream turbines[J]. Applied Energy, 2012, 98: 512 - 523.

[25] EPPS B, CHALFANT J, KIMBALL R, et al. OpenProp: an open - source parametric design and analysis tool for propellers[C]//Society for Modeling & Simulation International. Proceedings of the 2009 Grand Challenges in Modeling & Simulation Conference, 2009.

[26] MORINO L. Boundary integral equations in aerodynamics[J]. Applied

Mechanics Reviews，1993，46(8)：445 - 446.

[27] GOLY A. Hydrodynamic analysis of ocean current turbines using vortex lattice method[D]. Boca Raton：Florida Atlantic Unviersity，2010.

[28] SALVATORE F， GRECO L. Development and assessment of performance predic - tion tools for wind and tidal turbines［C］// Proceedings of the RINA Conference on Marine Renewable Energy，2008.

[29] BALTAZAR J，CAMPOS F D. Hydrodynamic analysis of a horizontal axis marine current turbine with a boundary element method[J].Journal of Offshore Mechanics and Arctic Engineering，2011,133(4):041304.

[30] LI Y，CALISAL S. Modeling of twin - turbine systems with vertical axis tidal current turbines：part Ⅰ—power output [J]. Ocean Engineering，2010，37:627 - 637.

[31] LI Y，CALISAL S. Modeling of twin - turbine systems with vertical axis tidal current turbine：part Ⅱ—torque fluctuation [J]. Ocean Engineering，2010，38:550 - 558.

[32] 李广年，李家旺. 竖轴潮流能水轮机叶片安装位置研究[J]. 太阳能学报，2019，40(7)：2091 - 2096.

[33] AHMED U，APSLEY D D，AFGAN I，et al. Fluctuating loads on a tidal turbine due to velocity shear and turbulence：Comparison of CFD with field data[J]. Renewable Energy，2017，112：235 - 246.

[34] 王树杰，姜雪英，袁鹏，等. 偏航工况下潮流能水轮机性能及尾流场特性分析[J]. 中国海洋大学学报(自然科学版)，2019，49(12)：122 - 128,133.

[35] ABDELWALY M，EL - BATSH H，HANNA M B. Numerical study for the flow field and power augmentation in a horizontal axis wind turbine [J]. Sustainable Energy Technologies and Assessments，2019，31：245 -253.

[36] HANSEN M O L，SØRENSEN N N，FLAY R G J. Effect of placing a diffuser around a wind turbine[J]. Wind Energy，2000，3 (4)：207 - 213.

[37] FLEMING C F，WILLDEN R H J. Analysis of bi - directional ducted tidal turbine performance[J]. International Journal of Marine Energy，2016，16:162 - 173.

[38] KOSASIH B，SALEH - HUDIN H. Influence of inflow turbulence intensity on the performance of bare and diffuser - augmented micro wind turbine model[J]. Renewable Energy，2016，87:154 - 167.

[39] 陈正寿，赵陈，刘羽，等. 折线型悬浮导流罩的水动力设计[J]. 水利水电科

技进展，2015，35(4)：49－54.

[40] 陈正寿，张国辉，刘羽，等.轴流式水轮机导流罩与叶轮尾流流场仿真研究[J].水动力学研究与进展：A辑，2016，31(1)：90－98.

[41] 刘垚，卢蕊，蔡卫军.基于重叠网格的水轮机导流罩水动力特性研究[J].排灌机械工程学报，2019，37(7)：606－611.

[42] DO RIO VAZ D A T D, VAZ J R P, SILVA P A S F. An approach for the optimization of diffuser－augmented hydrokinetic blades free of cavitation[J]. Energy for Sustainable Development, 2018, 45：142－149.

[43] MATHEUS M N, RAFAEL C F M, TAYGOARA F O, et al. An experimental study on the diffuser－enhanced propeller hydrokinetic turbines[J]. Renewable Energy, 2019, 133：840－848.

[44] COLLIER W, WAY S. Full-scale validation study of a numerical tool for the prediction of the loading and hydrodynamic performance of axial flow tidal turbines[C]//10th European Wave and Tidal Energy Conference. Danemark：Springer, 2013：100－112.

[45] TURNOCK S R, PHILLIPS A B, BANKS J, et al. Modelling tidal current turbine wakes using a coupled RANS－BEMT approach as a tool for analysing power capture of arrays of turbines[J]. Ocean Engineering, 2011, 38(11)：1300－1307.

[46] BELLONI C S K, WILLDEN R H J, HOULSBY G T. An investigation of ducted and open－centre tidal turbines employing CFD－embedded BEM[J]. Renewable Energy, 2017, 108：622－634.

[47] MAGAGNA D, MONFARDINI R, UIHLEIN A. JRC ocean energy status report 2016 edition[R]. Luxembourg：Publications Office of the European Union, 2016.

[48] Tocardo T－2 Tidal Turbines[EB/OL].(2020－07－01)[2022－10－10]. https://www.tocardo.com/tocardo－t2/.

[49] GEOceade－18[EB/OL].(2014－10－01)[2022－10－10]. https://www.alstom.com/press-releases-news/2014/10/alstom-improves-the-performance-of-its-tidal-energy-solutions-with-oceade-18-14mw.

[50] KIRKE B. Hydrokinetic turbines for moderate sized rivers[J]. Energy for Sustainable Development, 2020, 58：182－195.

[51] The 5 kW straight－blade vertical axis turbine[EB/OL].(2020－10－01)[2022－10－10].http://www.newenergycorp.ca/products.

[52] Alstom[EB/OL].(2010－09－01)[2022－10－10]. http://www.tidal

generation.co.uk/products/.

[53] Hammerfest HS1000[EB/OL].(2010 - 02 - 20)[2022 - 10 - 10].http://www.hammerfeststrom.com.

[54] Estream[EB/OL].(2016 - 08 - 16)[2022 - 10 - 10].https://www.kickstarter.com/projects/hyerinster/estream - a - portable - water - power - generator - fits - into.

[55] Lunar Turbine[EB/OL].(2007 - 05 - 20)[2022 - 10 - 10].http://www.lunarenergy.co.uk.

[56] HydroHelix System[EB/OL].(2008 - 10 - 30)[2022 - 10 - 10].http://www.hydrohelix.fr.

[57] CC100B[EB/OL].(2006 - 10 - 01)[2022 - 10 - 10].http://www.cleancurrent.com.

[58] Underwater Electric Kite System[EB/OL].(2012 - 10 - 01)[2022 - 10 - 10].http://uekus.com.

[59] COIRO D P, TROISE G, SCHERILLO F, et al. Development, deployment and experimental test on the novel tethered system GEM for tidal current energy exploitation[J]. Renewable Energy, 2017, 114: 323 -336.

[60] FO G L T. The state of art of Hydrokinetic power in Brazil[M]. Waterpower XIII: Innovative Small Hydro Technologies, USA, 2003.

[61] 张亮,李新仲,耿敬,等.潮流能研究现状2013[J].新能源进展,2013,1(1):53 - 68.

[62] 邱飞.水平轴潮流能发电装置海洋环境载荷与可靠性分析[D].青岛:中国海洋大学,2012.

[63] 李伟,刘宏伟,林勇刚,等.60 kW水平轴潮流能发电机组海上试验[C]//第四届中国海洋可再生能源发展年会暨论坛论文集,2015:355 - 360.

[64] 张亮,尚景宏,张之阳,等.潮流能研究现状2015:水动力学[J].水力发电学报,2016,35(2):1 - 15.

[65] LHD海洋潮流能G、F模块化发电机组相继入列投运[EB/OL].(2019 - 02 -20)[2022 - 11 - 11].http://www.lhd - tech.com/lhd/news_view.php?nid=348.

[66] 哈电集团成功研制我国最大容量潮流能发电机组[EB/OL].(2020 - 01 - 12)[2022 - 11 - 11].http://www.harbin - electric.com/news_view.asp?id=9072.

[67] GUO B, WANG D, ZHOU J, et al. Performance evaluation of a

submerged tidal energy device with a single mooring line[J]. Ocean Engineering，2020，196：10679.1 - 10679.17.

[68] 王树齐. 复杂环境下水平轴潮流能叶轮水动力特性研究[D]. 哈尔滨：哈尔滨工程大学，2015.

[69] AHMED M R. Blade sections for wind turbine and tidal current turbine applications - current status and future challenges[J]. International Journal of Energy Research，2012，36(7)：829 - 844.

[70] WANG W Q，YIN R，YAN Y. Design and prediction hydrodynamic performance of horizontal axis micro - hydrokinetic river turbine[J]. Renewable energy，2019，133：91 - 102.

[71] ZHANG X，FU D，ZHAI P，et al. Design and Experiment for Blade of Tidal Turbine Based on BEM[C]//2018 International Conference on Robots & Intelligent System. Spain：IEEE，2018：548 - 551.

[72] 李东阔，郑源，张玉全. 基于叶素理论的潮流能水轮机叶片设计研究[J]. 水力发电学报，2017，36(7)：113 - 120.

[73] 张玉全，张继生，蒋洁青，等. 多工况条件下变叶片数潮流能水轮机能量及流动特性研究[J]. 可再生能源，2019，37(2)：310 - 316.

[74] CURRIE G，OSBOURNE N，GROULX D. Numerical modelling of a three - bladed NREL S814 tidal turbine[C]// Proceedings of the third Asian Wave and Tidal Energy Conference. Singapore：Elsevier，2016：1 - 10.

[75] SHIVES M，CRAWFORD C. Developing an empirical model for ducted tidal turbine performance using numerical simulation results[J]. Proceedings of the Institution of Mechanical Engineers Part A：Journal of Power & Energy，2012，226(1)：112 - 125.

[76] 刘羽，陈正寿，赵陈，等. 潮流能水轮机导流罩的水动力性能研究[J]. 浙江海洋学院学报(自然科学版)，2014，33(3)：199 - 208.

[77] 王树杰，徐世强，袁鹏，等. 轴流式潮流能发电装置导流罩水动力特性研究[J]. 太阳能学报，2014，35(6)：1098 - 1104.

[78] 张亮，孙科，罗庆杰. 潮流水轮机导流罩的水动力设计[J]. 哈尔滨工程大学学报，2007，28(7)：734 - 737.

[79] 陈正寿，刘羽，赵陈，等. 水平轴潮流能水轮机尾流场数值模拟[J]. 水力发电学报，2015，34(10)：130 - 137.

[80] CHEN H，ZHOU D. Hydrodynamic numerical simulation of diffuser for horizontal axis marine current turbine based on CFD[C]//27th IAHR

Symposium on Hydraulic Machinery and Systems.Canada:IOP Conference Series，2014:1010 – 1018.

[81] 陈正寿，张国辉，赵宗文，等.潮流能水轮机叶轮压力脉动特性分析[J].振动与冲击，2017，36(19):98 – 105,138.

[82] 韩雪，蔡毅，段志浩，等.潮流能叶轮叶片单向流固耦合有限元分析[J].机械工程师，2019(3)：23 – 25,29.

[83] WANG L，QUANT R，KOLIOS A. Fluid structure interaction modelling of horizontal – axis wind turbine blades based on CFD and FEA[J]. Journal of Wind Engineering and Industrial Aerodynamics，2016，158: 11 – 25.

[84] RAFIEE R，TAHANI M，MORADI M. Simulation of aeroelastic behavior in a composite wind turbine blade [J]. Journal of Wind Engineering and Industrial Aerodynamics，2016，151: 60 – 69.

[85] NIJSSEN R P L. Fatigue life prediction and strength degradation of wind turbine rotor blade composites [R]. Albuquerque：Sandia National Laboratories，2006.

[86] KUMAR M S，KRISHNAN A S，VIJAYANANDH R. Vibrational fatigue analysis of NACA 63215 small horizontal axis wind turbine blade [J]. Materials Today：Proceedings，2018，5(2)：6665 – 6674.

[87] 杨卫.宏微观断裂力学[M].北京：国防工业出版社，1995.

[88] 李舜酩.机械疲劳与可靠性设计[M].北京：科学出版社，2006.

[89] LI X D，WANG X S，REN H H，et al. Effect of prior corrosion state on the fatigue small cracking behaviour of 6151 – T6 aluminum alloy[J]. Corrosion Science，2012，55：26 – 33.

[90] ZHAO T，LIU Z，HU S，et al. Effect of hydrogen charging on the stress corrosion behavior of 2205 duplex stainless steel under 3.5 wt.％ NaCl thin electrolyte layer [J]. Journal of Materials Engineering and Performance，2017，26(6)：2837 – 2846.

[91] MENG X，LIN Z，WANG F. Investigation on corrosion fatigue crack growth rate in 7075 aluminum alloy[J]. Materials & Design，2013，51: 683 – 687.

[92] DHINAKARAN S，PRAKASH R V. Effect of low cyclic frequency on fatigue crack growth behavior of a Mn – Ni – Cr steel in air and 3.5％ NaCl solution [J]. Materials Science and Engineering：A，2014，609：204 – 208.

[93] MEHMANPARAST A，BRENNAN F，TAVARES I. Fatigue crack

growth rates for offshore wind monopile weldments in air and seawater: SLIC inter – laboratory test results[J]. Materials & Design, 2017, 114: 494 – 504.

[94] 王池权，熊峻江. 3.5% NaCl 腐蚀环境下 2 种航空铝合金材料疲劳性能试验研究[J]. 工程力学，2017，34(11)：225 – 230.

[95] 张衡镜，邵永波，杨冬平. 16Mn 钢海底管道材料疲劳裂纹扩展试验研究[J]. 中国海上油气，2018，30(6)：158 – 163.

[96] BOISSEAU A，DAVIES P，THIEBAUD F. Sea water ageing of composites for ocean energy conversion systems: influence of glass fibre type on static behaviour[J]. Applied Composite Materials，2012，19(3/4)：459 – 473.

[97] BOISSEAU A，DAVIES P，THIEBAUD F. Fatigue behaviour of glass fibre reinforced composites for ocean energy conversion systems [J]. Applied Composite Materials，2013，20(2)：145 – 155.

[98] KENNEDY C R，LEEN S B，BRÁDAIGH C M Ó. Immersed fatigue performance of glass fibre – reinforced composites for tidal turbine blade applications[J]. Journal of Bio – and Tribo – Corrosion，2016，2:12，1 – 10.

[99] TUAL N，CARRERE N，DAVIES P，et al. Characterization of sea water ageing effects on mechanical properties of carbon/epoxy composites for tidal turbine blades [J]. Composites Part A: Applied Science and Manufacturing，2015，78A：380 – 389.

[100] DAVIES P，GERMAIN G，GAURIER B，et al. Evaluation of the durability of composite tidal turbine blades [J]. Philosophical Transactions of the Royal Society: Mathematical, Physical and Engineering Sciences，2013，371(1985)：0187,1 – 15.

[101] ORDONEZ- SANCHEZ S，ALLMARK M，PORTER K，et al. Analysis of a horizontal – axis tidal turbine performance in the presence of regular and irregular waves using two control strategies[J]. Energies，2019，12(3):367.

[102] DRAYCOTT S，PAYNE G，STEYNOR J，et al. An experimental investigation into non – linear wave loading on horizontal axis tidal turbines[J]. Journal of Fluids and Structures，2019，84：199 – 217.

[103] SONG K，WANG W Q，YAN Y. The hydrodynamic performance of a tidal – stream turbine in shear flow[J]. Ocean Engineering，2020，199：

107035,1－16.

[104] GAURIER B, DAVIES P, DEUFF A, et al. Flume tank characterization of marine current turbine blade behaviour under current and wave loading [J]. Renewable Energy, 2013, 59: 1－12.

[105] MYERS L E, BAHAJ A S. An experimental investigation simulating flow effects in first generation marine current energy converter arrays[J]. Renewable Energy, 2012, 37(1): 28－36.

[106] MYERS L E, BAHAJ A S. Experimental analysis of the flow field around horizontal axis tidal turbines by use of scale mesh disk rotor simulators[J]. Ocean Engineering, 2010, 37(3): 218－227.

[107] NUERNBERG M, TAO L. Three dimensional tidal turbine array simulations using Open FOAM with dynamic mesh [J]. Ocean Engineering, 2018, 147: 629－646.

[108] GÜENEY M S, KAYGUSUZ K. Hydrokinetic energy conversion systems: A technology status review[J]. Renewable & Sustainable Energy Reviews, 2010, 14(9): 2996－3004.

[109] BAHAJ A S. Generating electricity from the oceans[J]. Renewable and Sustainable Energy Reviews, 2011, 15(7): 3399－3416.

[110] LIU X, WANG L, TANG X. Optimized linearization of chord and twist angle profiles for fixed－pitch fixed－speed wind turbine blades[J]. Renewable Energy, 2013, 57: 111－119.

[111] EGGLESTON D M, STODDARD F. Wind turbine engineering design [M]. US: Department of Energy Office of Scientific and Technical Information, 1987.

[112] VERMEER L J, SØRENSEN J N, CRESPO A. Wind turbine wake aerodynamics[J]. Progress in Aerospace Sciences, 2003, 39 (6/7): 467－510.

[113] 安德森.计算流体力学基础及其应用[M].吴颂平,刘赵淼,译.北京:机械工业出版社,2007.

[114] BOUSSINESQ J. Essai sur la théorie des eaux courantes[M]. Impr Nationale, 1877.

[115] MENTER F R. Two－equation eddy－viscosity turbulence models for engineering applications[J]. AIAA Journal, 1994, 32(8): 1598－1605.

[116] GUERRI O, SAKOUT A, BOUHADEF K. Simulations of the fluid flow around a rotating vertical axis wind turbine[J]. Wind Engineering,

2007，31(3)：149-163.

[117] 阎超，于剑，徐晶磊，等.CFD 模拟方法的发展成就与展望[J].力学进展，2011，41(5)：562-589.

[118] 张来平，贺立新，刘伟，等.基于非结构/混合网格的高阶精度格式研究进展[J].力学进展，2013，43(2)：202-236.

[119] 周铸，黄江涛，黄勇，等.CFD 技术在航空工程领域的应用、挑战与发展[J].航空学报，2017，38(3)：6-30.

[120] HICKS R M，HENNE P A. Wing design by numerical optimization[J]. Journal of Aircraft，1978，15(7)：407-412.

[121] 刘丽娜，吴国新.基于 Hicks-Henne 型函数的翼型参数化设计以及收敛特性研究[J].科学技术与工程，2014,14(30)：151-155.

[122] 王建军，高正红. HicksHenne 翼型参数化方法分析及改进[J].航空计算技术，2010，40(4)：46-49.

[123] TRIVEDI A，SRINIVASAN D，SANYAL K，et al. A survey of multiobjective evolutionary algorithms based on decomposition[J]. IEEE Transactions on Evolutionary Computation，2016，21(3)：440-462.

[124] HOLLAND J H. Adaptation in natural and artificial systems：an introductory analysis with applications to biology，control，and artificial intelligence[M]. Ann Arbor：University of Michigan Press，1975.

[125] 李海燕，井元伟.基于 NSGA-Ⅱ 的具有多目标子学科的协同优化方法[J].控制与决策，2015，30(8)：1497-1503.

[126] DEB K，PRATAP A，AGARWAL S，et al. A fast and elitist multiobjective genetic algorithm：NSGA-Ⅱ[J]. IEEE transactions on evolutionary computation，2002，6(2)：182-197.

[127] YANG K，WANG H，XU J，et al. Optimization and design method research of wind turbine airfoils based on CFD technique[J]. Journal of Engineering Thermophysics，2007，28(4)：586-588.

[128] SOMERS D M. The S814 and S815 Airfoils[R]. US：National Renewable Energy Laboratory，1992.

[129] SOMERS D M. The S827 and S828 Airfoils[R]. US：National Renewable Energy Laboratory，2005.

[130] BETZ A. Das maximum der theoretisch möglichen ausnützung des windes durch wind motoren[J]. Zeitschrift Für Das Gesamte Turbinenwesen，1920,26:307-309.

[131] LANCHESTER F W. A contribution to the theory of propulsion and the

screw propeller[J]. Journal of the American Society for Naval Engineers, 1915, 27(2):509 – 510.

[132] PRANDTL L, Betz A. Vier abhandlungen zur hydrodynamik und aerodynamik[M]. Göttinger Nachr.: Göttingen, 1927.

[133] GLAUERT H. Airplane propellers in aerodynamic theory[M]. Dover: New York, 1963.

[134] WILSON R E, LISSAMAN P B S. Applied aerodynamics of wind power machines[R]. US:Oregon State University, 1974.

[135] DE VRIES O. Fluid dynamic aspects of wind energy conversion[R]. France:Advisory Group for Aerospace Research and Development, 1979.

[136] SHEN W Z, MIKKELSEN R, SØRENSEN J N. Tip loss corrections for wind turbine computations[J]. Wind Energy, 2005, 8(4): 457 – 475.

[137] OLCZAK A, STALLARD T, FENG T, et al. Comparison of a RANS blade element model for tidal turbine arrays with laboratory scale measurements of wake velocity and rotor thrust[J]. Journal of Fluids and Structures, 2016, 64: 87 – 106.

[138] LIU H, ZHOU H, LIN Y, et al. Design and test of 1/5th scale horizontal axis tidal current turbine[J]. China Ocean Engineering, 2016, 30(3): 407 – 420.

[139] ZHOU Z, BENBOUZID M, CHARPENTIER J F, et al. Developments in large marine current turbine technologies:a review[J]. Renewable and Sustainable Energy Reviews, 2017, 71: 852 – 858.

[140] JO C H, KIM D Y, RHO Y H, et al. FSI analysis of deformation along offshore pile structure for tidal current power[J]. Renewable Energy, 2013, 54: 248 – 252.

[141] GOUNDAR J N, NARAYAN S, AHMED M R. Design of a horizontal axis wind turbine for Fiji [C]// 2012 International Mechanical Engineering Congress and Exposition.US:ASME, 2012:1781 – 1789.

[142] MATSUSHIMA T, TAKAGI S, MUROYAMA S. Characteristics of a highly efficient propeller type small wind turbine with a diffuser[J]. Renewable Energy, 2006, 31(9):1343 – 1354.

[143] KHAN M J, IQBAL M T, QUAICOE J E. River current energy conversion systems: progress, prospects and challenges[J]. Renewable and Sustainable Energy Reviews, 2008, 12(8): 2177 – 2193.

[144] VENTERS R, HELENBROOK B T, VISSER K D. Ducted wind turbine

optimization[J]. Journal of Solar Energy Engineering，2018，140（1）：011005，1－8.

[145] BAGHERI－SADEGHI N，HELENBROOK B T，VISSER K D. Ducted wind turbine optimization and sensitivity to rotor position[J]. Wind Energy Science，2018，3(1)：221－229.

[146] 荆丰梅，张亮，张鹏远，等.潮流能发电增速导流罩研究[J].哈尔滨工程大学学报，2012，33(4)：409－413.

[147] NISHI Y，SATO G，SHIOHARA D，et al. A study of the flow field of an axial flow hydraulic turbine with a collection device in an open channel [J]. Renewable Energy，2019，130：1036－1048.

[148] SILVA P A S F，VAZ D A T D R，BRITTO V，et al. A new approach for the design of diffuser－augmented hydro turbines using the blade element momentum[J]. Energy Conversion and Management，2018，165：801－814.

[149] SHI W，WANG D，ATLAR M，et al. Optimal design of a thin－wall diffuser for performance improvement of a tidal energy system for an AUV[J]. Ocean Engineering，2015，108：1－9.

[150] KNIGHT B，FREDA R，YOUNG Y L，et al. Coupling numerical methods and analytical models for ducted turbines to evaluate designs[J]. Journal of Marine Science and Engineering，2018，6(2)：43.

[151] MÜNCH－ALLIGNÉ C，SCHMID J，RICHARD S，et al. Experimental assessment of a new kinetic turbine performance for artificial channels [J]. Water，2018，10(3)：311.

[152] SONG K，WANG W Q，YAN Y. Numerical and experimental analysis of a diffuser－augmented micro－hydro turbine[J]. Ocean Engineering，2019，171：590－602.

[153] 宋科，王文全，闫妍.潮流能导管涡轮发电装置水动力学特性影响因素[J].太阳能学报，2020，41(4)：302－309.

[154] JAMIESON P. Generalized limits for energy extraction in a linear constant velocity flow field[J]. Wind Energy，2008，11(5)：445－457.

[155] JAMIESON P. Innovation in wind turbine design[M]. London：Wiley，2011.

[156] TAMPIER G，TRONCOSO C，ZILIC F. Numerical analysis of a diffuser－augmented hydrokinetic turbine[J]. Ocean engineering，2017，145：138－147.

[157] NUGROHO S，SAFITRA A G，ARIBOWO T H，et al. Improve of Water Flow Acceleration in Darrieus Turbine Using Diffuser NACA 11414 2，5R［J］. EMITTER International Journal of Engineering Technology，2018，6(1)：62－74.

[158] WANG W，SONG K，YAN Y. Influence of interaction between the diffuser and rotor on energy harvesting performance of a micro－diffuser－augmented hydrokinetic turbine［J］. Ocean Engineering，2019，189，106293，1－10.

[159] 刘彦伟，刘莹. 水洞试验中阻塞比对阻力测量影响的数值模拟［J］. 实验技术与管理，2007，24(12)：44－47.

[160] SCHERILLO F，MAISTO U，TROISE G，et al. Numerical and experimental analysis of a shrouded hydroturbine［C］//2011 International Conference on Clean Electrical Power.Italy：IEEE，2011：216－222.

[161] 高慧，熊高涵，张照钢. 导管螺旋桨水动力性能分析及附加节能装置性能预估［J］. 船舶工程，2016，38(10)：68－71.

[162] 宋科，王文全，闫妍. 导管螺旋桨水动力学性能的影响因素［J］. 船舶工程，2018，40(11)：43－48，76.

[163] 王树杰，于晓丽，袁鹏，等. 水平轴潮流能水轮机性能的数值模拟与实验［J］. 太阳能学报，2018，39(5)：1203－1209.

[164] 宋科，王文全，闫妍. 潮流能导管水轮机水动力性能研究［J］. 水力发电学报，2019，38(4)：265－272.

[165] 宋科. 一种具有瓣式结构的可变导流罩式低水头水轮机：CN213807917U［P］. 2021－07－27.

[166] SMITH A M O. High－Lift Aerodynamics［J］. Journal of Aircraft，1975，12(6)：501－530.

[167] 宋科，王文全，闫妍.新型组合式导管水轮机水动力性能研究［J］. 水力发电学报，2019，38(6)：113－120.

[168] 宋科. 一种具有导流槽结构的导流罩式潮流能发电装置：CN213807916U［P］. 2021－07－27.

[169] 宋科，杨邦成.潮流能流道环导管涡轮机减阻特性及尾流场研究［J］. 船舶工程，2021，43(10)：44－48，91.

[170] 夏兰廷，黄桂桥，张三平，等. 金属材料的海洋腐蚀与防护［M］. 北京：冶金工业出版社，2003.

[171] 高秀华，张大征，苏冠侨，等. 海洋平台用中锰钢飞溅区海水腐蚀行为［J］. 东北大学学报(自然科学版)，2017，38(9)：1234－1238.

[172] 周晋，陆长卓，陈太鹏，等. 聚丙烯复合材料应用的研究进展［J］. 云南化

工，2017，44(9):1-3.

[173] 田永，何莉萍，王璐琳，等. 汽车制造用苎麻纤维增强聚丙烯的力学性能研究[J]. 材料工程，2008，1:21-24,33.

[174] 李桂付，周红涛，樊理山. 锦葵纤维增强聚丙烯基复合材料力学性能研究[J]. 中国塑料，2015，29(9):49-53.

[175] SHOKRIEH M M, JONEIDI V A. Characterization and simulation of impact behavior of graphene/polypropylene nanocomposites using a novel strain rate - dependent micromechanics model[J]. Journal of Composite Materials, 2015, 49(19): 2317-2328.

[176] BARZEGARI F, MORSHEDIAN J, RAZAVI - NOURI M，et al. Tailoring of thermal and mechanical properties of hollow glass bead - filled polypropylene porous Films via stretching ratio and filler content [J]. Polymer Composites, 2019, 40(7): 2938-2945.

[177] 宋科. 纳米碳酸钙改性聚丙烯大变形行为的研究[J]. 塑料科技，2019，47(6):29-33.

[178] LU L, SUN Y, LI L, et al. Influence of propylene - based elastomer on stress-whitening for impact copolymer[J]. Journal of Applied Polymer Science, 2017, 134(19/20):1-9.

[179] GUI Z X, HU X, WANG Z J. An elasto - visco - plastic constitutive model of polypropylene incorporating craze damage behavior and its validation[J]. 中南大学学报(英文版)，2017，24(6):1263-1268.

[180] WU T, XIANG M, CAO Y, et al. Influence of annealing on stress - strain behaviors and performances of β nucleated polypropylene stretched membranes[J]. Journal of Polymer Research, 2014, 21(11):1-13.

[181] 石璞，陈浪，董建国，等. 高组分纳米碳酸钙填充改性聚丙烯的研究[J]. 塑料工业，2015，43(1):31-34,57.

[182] MINAEI - ZAIM M, GHASEMI I, KARRABI M，et al. Effect of injection molding parameters on properties of cross - linked low - density polyethylene/ethylene vinyl acetate/organoclay nanocomposite foams[J]. Iranian Polymer Journal, 2012, 21(8):537-546.

[183] GRIFFITH A A. The phenomena of rupture and flow in solids [J]. Philosophical Transaction of Royal Society of London, 1921: 163-197.

[184] OROWAN E. Fracture and strength of solids[J]. Reports on Progress in Physics, 1948,12(1):185-196.

[185] IRWIN G R. Analysis of stresses and strains near end of a crack traversing a

plate [J]. Journal of Applied Mechanics，1957，24：361 - 364.

[186]　PARIS P C，GOMEZ M P，ANDERSON W E. A rational analytic theory of fatigue[J]. The Trend in Engineering，1961，13(1)：9 - 14.

[187]　PARIS P C，ERDOGAN F A. A critical analyses of crack propagation laws[J]. Journal of Basic Engineering，1963，85(4)：528 - 533.

[188]　中国国家标准管理委员会. 金属材料　疲劳试验　疲劳裂纹扩展方法：GB/T 6398—2017[S]. 北京：中国标准出版社，2017.

[189]　宋科，王文全，刘国寿，等. 盐度对聚丙烯疲劳性能的试验研究[J]. 塑料工业，2019，47(2)：102 - 106.

[190]　宋科，杨邦成，梁亚运. 改性聚丙烯疲劳性能及其微观形态的研究[J]. 塑料工业，2015，43(9)：33 - 36,65.

[191]　王恒，苏波泳，花国然，等. 海洋工程装备材料 E690 高强钢腐蚀疲劳裂纹扩展实验研究[J]. 热加工工艺，2016，45(16)：48 - 51,57.

[192]　COSGRIFF E，MANTELL S，BHATTACHARYA M. Method for degrading polyethylene sheet samples in an oxidative environment[C]// 75th Annual Technical Conference and Exhibition of the Society of Plastics Engineers.US：Society of Plastics Engineers，2017：1228 - 1233.

[193]　FISCHER J，BRADLER P R，LANG R W，et al. Fatigue crack growth resistance of polypropylene in chlorinated water at different temperatures [C]//Proceedings of the Plastic Pipes 18th Conference Proceedings. Germany：Elsevier，2016：141 - 150.

[194]　SONG K，WANG W Q，YAN Y. Experimental and numerical analysis of a multilayer composite ocean current turbine blade [J]. Ocean Engineering，2020，198：106977,1 - 11.

[195]　SAHAFI A，PEUTZFELDT A，ASMUSSEN E，et al. Bond strength of resin cement to dentin and to surface - treated posts of titanium alloy，glass fiber，and zirconia[J]. The Journal of Adhesive Dentistry，2003，5 (2)：153 - 162.

[196]　TAKAI M，TAKAYA M. Influence of conversion coating on magnesium and aluminum alloys by adhesion method[J]. Materials transactions，2008，49(5)：1065 - 1070.

[197]　ANAGNOSTOPOULOS C A，SAPIDIS G，PAPASTERGIADIS E. Fundamental properties of epoxy resin - modified cement grouts[J]. Construction and Building Materials，2016，125：184 - 195.

[198]　钱若军，董石麟，袁行飞. 流固耦合理论研究进展[J]. 空间结构，2008，

14(1)：3-15.

[199] MATTHIES H G，STEINDORF J. Partitioned strong coupling algorithms for fluid - structure interaction［J］. Computers & Structures，2003，81(8)：805-812.

[200] 朱洪来，白象忠. 流固耦合问题的描述方法及分类简化准则[J]. 工程力学，2007,24(10):92-99.

[201] 邢景棠，周盛，崔尔杰. 流固耦合力学概述[J]. 力学进展，1997，27(1)：19-38.

[202] AHMED M M Z，ATAYA S. Damages of wind turbine blade trailing edge：Forms，location，and root causes［J］. Engineering Failure Analysis，2013，35：480-488.

[203] JENSEN F M，FALZON B G，ANKERSEN J，et al. Structural testing and numerical simulation of a 34m composite wind turbine blade［J］. Composite Structures，2006，76(1)：52-61.

[204] YANG J，PENG C，XIAO J，et al. Structural investigation of composite wind turbine blade considering structural collapse in full - scale static tests[J]. Composite Structures，2013，97：15-29.

[205] CHEN X，LI C，XU J. Failure investigation on a coastal wind farm damaged by super typhoon：A forensic engineering study[J]. Journal of Wind Engineering and Industrial Aerodynamics，2015，147：132-142.

[206] WANG W，MATSUBARA T，HU J，et al. Experimental investigation into the influence of the flanged diffuser on the dynamic behavior of CFRP blade of a shrouded wind turbine[J]. Renewable Energy，2015，78：386-397.

[207] BRUNETTI A，ARMENIO V，ROMAN F. Large eddy simulation of a marine turbine in a stable stratified flow condition[J]. Journal of Ocean Engineering and Marine Energy，2019，5(1)：1-19.

[208] 李强，王艳萍，张理. 斋堂岛现场调研报告[R]. 青岛：中海油研究总院，2011.

[209] 姜雪英，王树杰，司先才，等. 斋堂岛海域潮流特性分析与微观选址[J]. 太阳能学报，2018，39(4)：892-899.

[210] LUST E E，LUZNIK L，FLACK K A，et al. The influence of surface gravity waves on marine current turbine performance[J]. International Journal of Marine Energy，2013，3：27-40.

[211] MILNE I A，SHARMA R N，FLAY R G J，et al. The role of waves on

tidal turbine unsteady blade loading [C]//Proceedings of the 3rd International Conference on Ocean Energy.Spain:Elsevier,2010:6 - 8.

[212] YAN J,DENG X,KOROBENKO A,et al. Free - surface flow modeling and simulation of horizontal - axis tidal - stream turbines[J]. Computers & Fluids,2017,158:157 - 166.

[213] 袁鹏,梁兰健,王树杰,等.波浪作用下安装深度对水平轴潮流能水轮机水动力性能的影响研究[J].海洋技术学报,2018,37(3):72 - 78.

[214] 宋科,杨邦成.复杂潮流条件下导管涡轮机的水动力学性能[J].排灌机械工程学报,2021,39(8):826 - 831.

[215] 宋科,杨邦成.偏流条件下水平轴水轮机水动力学性能与尾流场研究[J].水电能源科学,2021,39(8):178 - 180,80.

[216] 宋科,杨邦成,段维华.偏流条件下潮流能水轮机的熵产特性评估[J].水力发电学报,2022,41(8):12 - 19.

[217] 兰加芬,欧阳武,严新平.无轴轮缘推进器水动力性能分析及桨叶强度校核[J].船舶工程,2018,40(10):52 - 58.

[218] 贾文超,樊思明,刘正林,等.无轴轮缘推进器中可拆卸螺旋桨的性能分析[J].船舶工程,2017,39(8):25 - 29.

[219] 胡举喜,吴均云,陈文聘.无轴轮缘推进器综述[J].数字海洋与水下攻防,2020,3(3):185 - 191.

[220] 宋科,杨邦成.无轴轮缘导管涡轮机水动力学性能研究[J].水力发电学报,2021,40(7):87 - 94.

[221] SONG K,YANG B C. A comparative study on the hydrodynamic - energy loss characteristics between a ducted turbine and a shaftless ducted turbine[J]. Journal of Marine Science and Engineering,2021,9(9):930.

[222] SONG K,WANG W Q,YAN Y. The hydrodynamic performance of a tidal - stream turbine in shear flow [J]. Ocean Engineering,2020,199:107035.

[223] 宋科,杨邦成.波流相互作用下潮流能无轴轮缘导管涡轮机水动力特性与尾流结构分析[J].可再生能源,2022,40(8):1023 - 1028.

[224] SONG K,KANG Y C. A numerical performance analysis of a rim - driven turbine in real flow conditions[J]. Journal of Marine Science and Engineering,2022,10(9):1185.